U0223656

国家出版基金项目

国家出版基金资助项目

"十四五"时期国家重点出版物出版专项规划项目

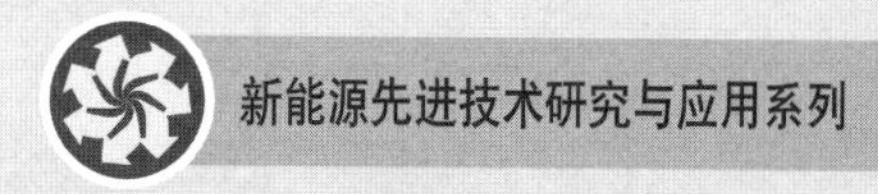

海域天然气水合物渗流特性研究

Research on Seepage Characteristics in Marine Natural Gas Hydrate Sediments

王佳琪　葛　坤　著

内 容 简 介

作者在多年从事的天然气水合物开采过程储层内气水渗流理论和实验研究工作中，取得了一些创造性成果，本书为上述研究成果的总结。全书共分为6章，主要内容包括绪论、水合物数字岩心提取——基于CT平台的水合物可视化技术、基于孔隙网络模型的渗流模拟、水合物沉积层结构对渗透率的影响、润湿性和界面张力对水合物沉积层内渗流的影响以及水合物相变过程渗流变化。

本书可供工程热物理、热能工程、能源与环境工程等相关专业人员、工程设计人员阅读，也可作为高等院校相关专业研究生、本科生选修教材或参考书。

图书在版编目(CIP)数据

海域天然气水合物渗流特性研究/王佳琪，葛坤著
.—哈尔滨：哈尔滨工业大学出版社，2022.10
(新能源先进技术研究与应用系列)
ISBN 978-7-5767-0425-9

Ⅰ.①海… Ⅱ.①王… ②葛… Ⅲ.①天然气水合物-渗流-研究 Ⅳ.①P618.1301

中国版本图书馆CIP数据核字(2022)第175539号

策划编辑 王桂芝 甄淼淼
责任编辑 杨 硕 苗金英
出版发行 哈尔滨工业大学出版社
社 址 哈尔滨市南岗区复华四道街10号 邮编150006
传 真 0451-86414749
网 址 http://hitpress.hit.edu.cn
印 刷 辽宁新华印务有限公司
开 本 720 mm×1 000 mm 1/16 印张12 字数226千字
版 次 2022年10月第1版 2022年10月第1次印刷
书 号 ISBN 978-7-5767-0425-9
定 价 69.00元

国家出版基金资助项目

新能源先进技术研究与应用系列

编审委员会

总　序

能源是人类社会生存发展的重要物质基础，攸关国计民生和国家安全。当前，全球能源结构加快调整，新一轮能源革命蓬勃兴起，应对全球气候变化刻不容缓。作为世界能源消费大国，牢固树立和贯彻落实创新、协调、绿色、开放、共享的发展理念，遵循能源发展"四个革命、一个合作"战略思想，推动能源生产利用方式变革，构建清洁低碳、安全高效的现代能源体系，是我国能源发展的重大使命。

由于煤、石油、天然气等常规能源储量有限，且其利用过程会带来气候变化和环境污染，因此以可再生和绿色清洁为特质的新能源和核能越来越受到重视，成为满足人类社会可持续发展需求的重要能源选择。特别是在"双碳"目标下，构建清洁低碳、安全高效的能源体系，实施可再生能源替代行动，构建以新能源为主体的新型电力系统，是推进能源革命，实现碳达峰、碳中和的重要途径。

"新能源先进技术研究与应用系列"图书立足新时代我国能源转型发展的核心战略目标，涉及新能源利用系统中的"源、网、荷、储"等方面：

(1) 在新能源的"源"侧，围绕新能源的开发和能量转换，介绍了二氧化碳的能源化利用，太阳能高温热化学合成燃料技术，海域天然气水合物渗流特性，生物质燃料的化学烟，能源微藻的光谱辐射特性及应用，以及先进核能系统热控技术、核动力直流蒸汽发生器中的汽液两相流动与传热等。

(2) 在新能源的"网"侧，围绕新能源电力的输送，介绍了大容量新能源变流器并联控制技术，交直流微电网的运行与控制，能量成型控制及滑模控制理论在新能源系统中的应用，面向新能源发电的高频隔离变流技术等。

（3）在新能源的“荷”侧，围绕新能源电力的使用，介绍了燃料电池电催化剂的电催化原理、设计与制备，Z 源变换器及其在新能源汽车领域中的应用，容性能量转移型高压大容量 DC/DC 变换器，新能源供电系统中高增益电力变换器理论及应用技术等。此外，还介绍了特色小镇建设中的新能源规划与应用等。

（4）在新能源的“储”侧，针对风能、太阳能等可再生能源固有的随机性、间歇性、波动性等特性，围绕新能源电力的存储，介绍了大型抽水蓄能机组水力的不稳定性，锂离子电池状态的监测与状态估计，以及储能型风电机组惯性响应控制技术等。

“新能源先进技术研究与应用系列”图书是哈尔滨工业大学等高校多年来在太阳能、风能、水能、生物质能、核能、储能、智慧电网等方向最新研究成果及先进技术的凝练。其研究瞄准技术前沿，立足实际应用，具有前瞻性和引领性，可为新能源的理论研究和高效利用提供理论及实践指导。

相信本系列图书的出版，将对我国新能源领域研发人才的培养和新能源技术的快速发展起到积极的推动作用。

2022 年 1 月

前言

能源资源的勘探开发以及新替代能源的寻求已成为国家经济发展的战略课题。天然气水合物作为一种新型的清洁能源，具有巨大的资源储量，近年来世界各国相继加大了对天然气水合物资源勘探与开发的相关科学研究。我国也将“天然气水合物开发技术”作为重点研究发展的前沿技术列在《国家中长期科学和技术发展规划纲要（2006—2020 年）》中，并已在天然气水合物资源勘探与开发利用方面开展了大量的研究工作。2017 年，我国在南海神狐海域首次实施海域天然气水合物试开采；并于 2020 年第二轮试采成功，实现从“探索性试采”向“试验性试采”的阶段性跨越，迈出天然气水合物产业化进程中极其关键的一步。

在天然气水合物开采过程中，含水合物沉积层的初始有效渗透率很大程度上制约着水合物相变所需的压降传播（降压法）和热质传递（热激法和注入抑制剂法）的速度，进而控制着水合物相变分解的速率，随着水合物相变分解，天然气水合物沉积层的骨架结构特征不断变化，提供给气、水流动的孔隙空间也随之改变；流体流动通道的改变导致水合物沉积层渗流特性呈现时变性，进而控制分解气、水的瞬态运移能力，最终影响产气率。因此，探明气体水合物相变过程沉积层中由砂石和水合物构成的微孔隙骨架结构的时变规律是水合物资源可持续开采亟待解决的一个关键问题。揭示骨架结构变化对沉积层孔隙空间内多相多组分渗流特性的控制机制，阐明瞬态气、水迁移对最终天然气采收的影响机理，是实现水合物连续稳定开采所面临的另一关键问题。

本书阐述了将CT可视化技术与孔隙网络模型相结合模拟研究天然气水合物真实岩心渗流特性的新方法，详细介绍了水合物CT处理方法及可精准表征水合物沉积层微观骨架结构的孔隙网络模型提取方法。利用孔隙网络模型实现了微观孔隙尺度上流体流动机理的精细刻画，探明了水合物沉积层微观骨架结构特征对沉积层宏观渗流特性的控制机理，阐释了沉积层孔隙空间内部流体物性与流体流动相互作用的影响机制，揭示了水合物沉积层微观骨架结构变化对气水流动产出不稳定性的影响作用机制，初探了水合物沉积层渗透率各向异性对天然气采收的控制作用，为实现天然气水合物商业化安全高效开采起到指导和数据支撑作用。

限于作者水平，书中难免存在疏漏及不足之处，敬请读者批评指正。

作　者

2022年9月

目　录

第1章

绪　论

能源是人类社会赖以生存和发展的重要物质基础，能源资源的开发和利用始终贯穿于社会文明发展的全过程，能源资源的短缺也严重制约着人类社会、经济和科技的发展。天然气水合物作为21世纪最具开发潜力的环境友好型洁净能源被广泛关注，如何实现天然气水合物安全高效的商业化开采对缓解我国能源供需矛盾、改善能源消费结构、保障能源战略安全具有重要作用和战略意义。本章将对天然气水合物基础物性、开采及实验研究现状进行概述。

随着全世界经济和科学技术的不断发展，人类社会也在不断进步，随之所产生的能源短缺、资源不足、环境恶化等问题也日益加剧。与此同时，人类对能源资源等方面的需求量却远远超出现在可利用的传统能源资源，这种供求关系相差悬殊所带来的矛盾日渐突出。为了缓解该矛盾，应对能源资源短缺对经济发展的制约和影响以及传统能源燃烧对环境的破坏影响，开发环境友好型清洁高效能源成为主要方法。在我国，一次能源结构以煤炭为主，而且我国目前石油进口依存度已经超过60%，并且还将持续上升。同时，以上能源的燃烧给国内各地区带来的雾霾等环境污染问题也越来越严重。因此，寻求清洁高效能源显然成为经济可持续发展的关键问题。“十四五”时期，社会经济发展必须坚持“绿水青山就是金山银山”的发展理念，坚持走可持续发展之路。另外，碳排放强度与能源强度显著不同，不仅受能源效率的影响，与能源结构也紧密相关。在碳达峰、碳中和的目标下，我国能源系统将持续加快向清洁低碳转型。天然气水合物（“可燃冰”）作为一种新型能源，不仅储量巨大，分布广泛，而且燃烧后产物清洁无污染，是21世纪最有希望替代煤炭石油等传统能源的新型清洁能源。因此，“可燃冰”的资源化开发利用是实现我国能源革命的重要保障与支撑，也是中长期能源发展战略的重要选择。

1.1 天然气水合物概论

1.1.1 天然气水合物基本结构及特性

气体笼状包合物,通常称为天然气水合物,是水在小客体分子周围形成笼状结构时生成的白色晶体化合物,也是一种非化学计量型晶体化合物,又因其看起来与冰相似,有明火接近即可燃烧,且燃烧后只有水留下,故称之为可燃冰。目前主要的小客体分子有:甲烷(CH_4)、乙烷(C_2H_6)、丙烷(C_3H_8)、丁烷(C_4H_{10})、氮气(N_2)、二氧化碳(CO_2)及硫化氢(H_2S)。但是其他非极性组分尺寸大小在氩(0.35 nm)和乙基环己烷(0.9 nm)以下的分子也均可生成水合物。水合物生成条件为:水周围存在以上分子,并且周围环境为高压低温。通常,甲烷为自然条件下天然气水合物中客体分子的主要成分,因此天然气水合物又称为甲烷水合物。

在分子尺度中,单个客体分子被氢键包裹在主体水分子所组成的笼子中,客体分子与水分子之间由范德瓦耳斯力相互作用,客体分子排斥力导致水分子所组成的笼子大小不同。水分子笼子空间大小与客体分子必须匹配才能形成稳定的水合物。而水分子与客体分子在晶腔中的分布都是随机的,且其比例随着赋存条件的不同而变化,因为不存在唯一且确定的水合物分子式,通常用$M \cdot nH_2O$来表示。水合物的单元晶体结构主要包括四种,即Ⅰ型结构、Ⅱ型结构、H型三种常见结构,以及一种仍未命名的结构,图1.1所示为三种常见单元晶体结构。表1.1列出了三种常见单元晶体特性。Ⅰ型结构水合物(简称Ⅰ型水合物)为立方晶体结构,是自然环境中最常见的,小客体分子大小为0.4 ~ 0.55 nm,若全部晶体结构中客体分子有且仅有一个,则该型结构由46个水分子、2个五边形十二面体组成的小晶腔以及6个由12个五边形和2个六边形组成的十四面体的大晶腔组成。当客体分子占据所有晶腔,Ⅰ型水合物的理想分子式为$8M \cdot 46H_2O$(M指代客体分子)或$M \cdot 5.75H_2O$,其中5.75为水合数。Ⅱ型结构水合物(简称

Ⅱ型水合物）为菱形晶体结构，主要是人工环境生成的水合物，客体分子大小为0.6～0.7 nm，该型晶体由136个水分子、8个大晶腔及16个小晶腔组成，其中，大晶腔是由12个五边形及4个六边形组成，小晶腔即为五边形十二面体。理想情况下，该Ⅱ型水合物分子式为24M·136H_2O或M·5.67H_2O。H型结构水合物（简称H型水合物）为六方晶体结构，在两种环境中均有可能存在，由大客体分子和小客体分子混合而成，包含34个水分子、3个五边形十二面体的晶腔、2个$4^3 5^6 6^3$的晶腔及1个$5^{12}6^8$的晶腔，客体分子大小为0.8～0.9 nm。理想情况下，该H型水合物分子式为6M·34H_2O或M·5.67H_2O。早期H型水合物仅于实验室生成，1993年在墨西哥湾发现该型水合物天然存在，并且在格林大峡谷地区也发现了三种类型水合物共存现象。水分子在Ⅰ型、Ⅱ型水合物单元格中形成氢键，因为该单元格有12个面，每面5个角，即5^{12}。在单元格笼子中，小客体分子被包裹在中间，相对于有限的平行移动，更多的是旋转和振动。单元格5^{12}则通过顶点连接形成Ⅰ型水合物，或者通过面连接形成Ⅱ型水合物。

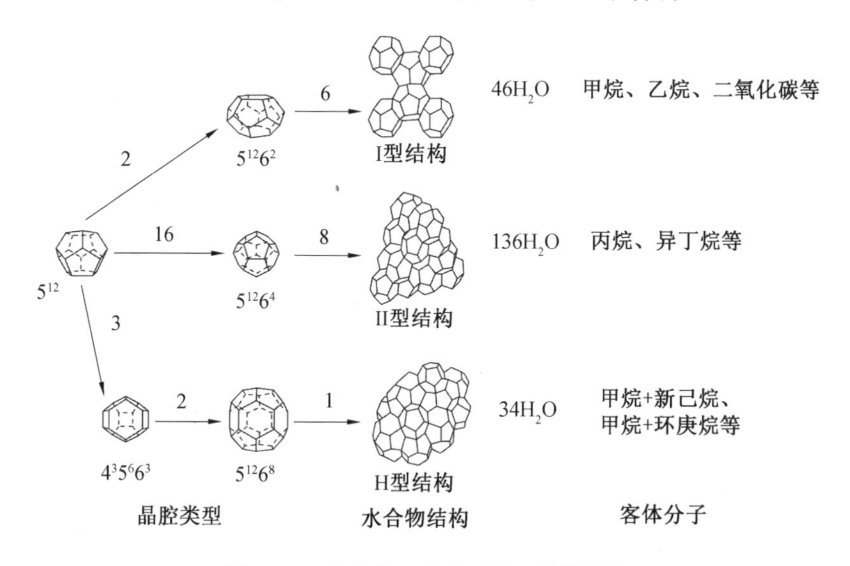

图1.1　水合物三种常见单元晶体结构

所有的结构为了阻止氢键的拉伸或者断裂都需要填补笼子空间。5^{12}单元格只有氢键断裂才能填充空间，所以5^{12}单元格间隙由六边形面连接的笼子来填充，即两个六边形面连接构成的$5^{12}6^2$结构（Ⅰ型水合物）、四个六边形面构成的

$5^{12}6^4$ 结构(Ⅱ型水合物),其中均另有12个五边形面。因此,笼子不能含有较大的客体分子。笼子由基础单元晶体结构重复构成,如Ⅰ型水合物 $2 \cdot 5^{12} + 6 \cdot 5^{12}6^2$ 和Ⅱ型水合物 $16 \cdot 5^{12} + 8 \cdot 5^{12}6^4$。尽管在每个晶体结构中均可出现大笼和小笼,但有时若小笼单个客体分子过大,就必须清空小笼填充大笼,而大小笼子均可由小客体分子填充。通常情况下,每个笼子里只有一个客体分子,但在类似超高压的非常规条件下,每个笼子有可能由多个非常规小客体分子占据。例如,在高压情况下,小笼子中有两个客体分子占据,在Ⅱ型水合物大笼子中有四个客体分子占据。

表1.1　三种常见单元晶体特性

水合物晶体结构	Ⅰ型		Ⅱ型		H型		
晶腔	小	大	小	大	小	中	大
结构	5^{12}	$5^{12}6^2$	5^{12}	$5^{12}6^4$	5^{12}	$4^35^66^3$	$5^{12}6^8$
单元晶腔数	2	6	16	8	3	2	1
平均晶腔半径/Å	3.95	4.33	3.91	4.73	3.91#	4.06#	5.71#
配位数*	20	24	20	28	20	20	36
单元水数	46	—	136	—	34	—	—

注:* 代表每个晶腔外围氧分子数;# 代表由几何模型估算。1 Å = 0.1 nm。

水合物具有某些独特性质,例如,1 m^3 水合物在标准状况下能够释放184 m^3 的甲烷气体。当水合物分解时,体积保持不变,温度升高,压力就会随之逐渐增大。水合物密度取决于温度、压力及其组成成分,变化范围为0.8～0.12 g/cm^3。

1.1.2　天然气水合物资源分布及开采现状

1.天然气水合物资源分布

天然气水合物主要出现在高纬度、高海拔的冻土层或者大陆边缘沉积层的深水区,如中国南海区、墨西哥湾、印度洋、阿拉斯加北极区及中国青海区。海底沉积的天然气水合物通常在水深500 m以下,这是由于在此深度下水层的压力可

使天然气水合物维持固体状态;但水深不会超过 1 000 m,因为天然气水合物固态会由于地热升温而遭到破坏。也有小部分天然气水合物储藏在大陆内海、内湖,如里海、黑海、贝加尔湖。大部分气体水合物都存在于浅层地壳,即距地表 2 000 m 以内,或者在海床 1 100 m 之内。在该区域,水合物会由于外界环境温度或者压力的变化而分解。气体水合物是在高压环境下由水和气生成的,在钻井作业过程中,海床倒塌、滑坡、下沉、甲烷泄漏和喷油井等灾害现象极有可能发生。因此甲烷水合物不仅是一种新型能源,也是涉及海床稳定、自然环境系统安全的重要因素。在保证环境安全的前提下,如何稳定并可持续地获取甲烷水合物资源成为未来科学工程研究领域的主要挑战。

图 1.2 所示为水合物资源金字塔,是由 Boswell 于 2006 年根据全球四种天然气水合物资源开发前景、勘测技术及经济型归纳总结得到的。从金字塔顶端到金字塔底部依次为北极(冻土)储层水合物、海底砂岩储层水合物、非海底砂岩储层水合物、大量海底/浅层水合物及海底泥页岩(低渗透率)水合物。随金字塔由高到低,天然气水合物资源量逐渐增大,但储层质量逐渐降低、开采前景逐渐不明朗。该金字塔也表明水合物沉积层中只有小部分被认为是商业数量天然气的来源,其也可作为了解气体水合物发展年代表的一种便利方法。

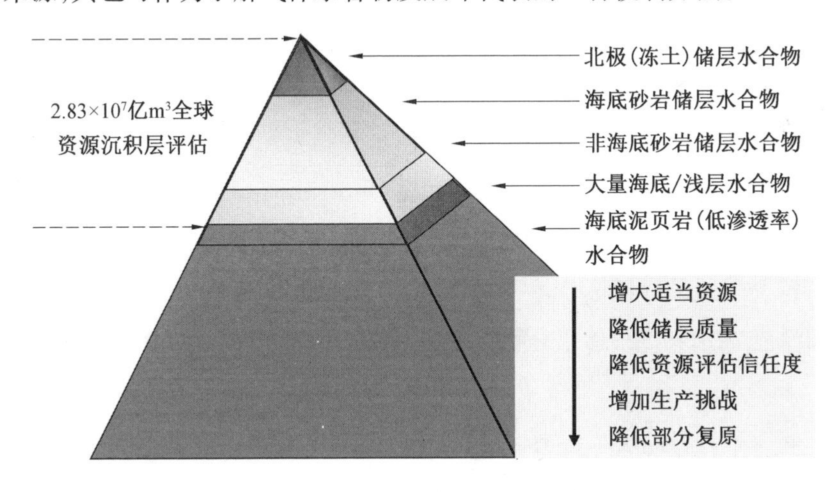

图 1.2 水合物资源金字塔

(1) 北极(冻土) 储层水合物。

在水合物金字塔顶端为冻土区高渗透率沉积层。尽管该部分气体水合物含量相对较小,但与冻土相关的气体水合物会被首先商业化,尤其是用来提取传统碳氢化合物的基础设施区域已经发展完善。目前,已有记录表明与冻土相关的沉积层开采的气体来自气体水合物的分解。加拿大Mallik探井于2002年和2007年进行了短期开采测试,在接下来的几年里,美国能源部(DOE) 与其合作伙伴会根据已提出的长期研究计划来断定气体开采的相近条件。位于北极圈内西伯利亚西部边界的麦索亚哈气田早在1969年已被开发,该气田被鉴定为天然气水合物与游离气层未分离的水合物沉积层。目前该气田累计产气 $12.9 \times 10^9\ m^3$,其中 $5.4 \times 10^9\ m^3$ 的气体是通过水合物降压分解得到的,但由此产生的水量至少比预估的水合物分解产生的水量少三个量级。Collett 和 Ginsburg 已经提出质疑,即该气田的产气是否来自于水合物沉积层。尽管如此,巨大量的气体水合物的存在仍使该气田成为研究潜在水合物开采技术和地质研究的重要测试点。阿拉斯加南坡是水合物藏存在于冻土层中的重要地区,估计该地区有2.4 Mm^3 气体水合物资源未被发现。在与美国能源部的合作中,为了评估阿拉斯加南坡水合物藏在技术上和商业中是否均可成为气体资源来源,美国地质勘探局(USGS) 于2007年在阿拉斯加南坡钻取探测井。

(2) 海底砂岩储层水合物。

可渗透的海底砂岩沉积层被认为是气体水合物长期开采的主要目标。气体水合物沉积层资源级别与储层质量和饱和度(定义为水合物体积与总体积之比)的划分不同,具有高渗透性和适中气体水合物饱和度的海底砂岩储层被认为是大规模资源开采的最好目标。墨西哥湾(GOM) 钻井的地质单元中水合物饱和度高达80%。高饱和度气体水合物沉积层最先于1999年在日本南海海槽测井进行开采。

(3) 非海底砂岩储层水合物、大量海底/浅层水合物。

该区域的渗透性相对较低,在印度、韩国边界及墨西哥湾部分区域均发现渗透性较低的沉积层。在该区域,天然气水合物储量不大。

(4) 海底泥页岩(低渗透率) 水合物。

该区域位于水合物资源金字塔底部,其沉积层占全球甲烷水合物的绝大部分,也不可能成为商业开采的主要目标。

2. 天然气水合物开采现状

目前,据普遍援引,全球甲烷水合物资源总量大约为20 000 Mm^3。有机碳量高达10 Mt,大约是现在熟知的全球传统化石能源(煤炭、石油和天然气) 的两倍。由于水合物已成为21世纪最理想且具有商业开发前景的新型能源,美国、日本、加拿大、英国、挪威、德国、印度等国相继投入巨资对天然气水合物的物化特性、资源勘探、开采技术及环境影响等进行了大量的科学考察和研究。2000年,美国能源部启动了为期15年的天然气水合物研究与资源开发利用研究规划。2001 ~ 2016年,日本政府以每年60亿日元的科研投入,开展以天然气水合物商业开发为最终目的的“MH21课题计划”。近年来,我国也相继在国家重大项目及国家重大科技专项的资助下,开展了大量的天然气水合物资源勘探与开发相关基础研究。随着我国天然气水合物资源勘探工作取得不断进展,如何对其安全、高效开采已成为我国未来天然气水合物资源利用面临的重大课题。预计气体水合物将在2020 ~ 2030年期间逐渐发展成为全球天然气的主要供应来源。

(1) 美国海洋钻井勘测项目(ODP)。

1934年,美国科学人员在输气管道中发现了阻塞管道的天然气水合物,从而开始了对天然气水合物结构和形成条件的研究。ODP Leg 164是世界上第一个甲烷水合物研究的海洋钻井勘测项目,旨在探究美国东海岸布莱克山脊下的沉积层区甲烷水合物存在的可能性。

ODP Leg 164的科学目的:预估含水合物沉积层中气体的储量;了解水合物量横向变化;了解海底反射层(BSR) 和水合物开发的关系;探究沉积层中甲烷水合物的分布和结构;估计大陆缘上沉积层中水合物生成与分解的物理特性,如孔隙度(定义为孔隙空间体积与总体积之比)、渗透率、P波波速、导热率等的变化;判断气体是由当地的甲烷水合物产生还是从其他地方进入的;研究水合物化学组成和同位素成分、水合物数及天然甲烷水合物晶体结构;研究大规模沉积层破坏与甲烷水合物分解之间的潜在联系。

ODP Leg 164 最早的钻井测点包含了一系列浅洞，得到如下科学结论：第一，通过对布莱克山脊 ODP Leg 164 钻井地的分析发现甲烷水合物占沉积层体积的 1% ~2%，这一区域厚度为 200 ~ 250 m。若布莱克山脊周围其余 26 000 km^2 也有同样多的甲烷水合物，则初步估计该区域会储藏 10 t 的甲烷碳。ODP Leg 164 提供了更确切的证明：在海洋沉积层中以甲烷水合物方式储藏的甲烷是全球碳化石藏的重要组成部分。第二，间隙中的水氯属性可作为勘测原位甲烷水合物的代理指标。在深度相同的 10 km 横截面处氯值都很低。第三，井下声波测井和垂直地震剖面数据显示，在海底反向层附近，层速度呈下降趋势。沉积层声速的变化不仅与 BSR 上方水合物的储量有关，还与气泡存在有关。第四，甲烷水合物在 996 探测井区以巨大碎片、充满垂直裂痕岩脉及杆状结节的结构被发现。一般来说沉积层中细颗粒的水合物在任何探井中都是不能被直接观察到的，但利用一些代理的方式测量，如对间隙水中的氯属性进行测量，便可知细颗粒水合物在岩石采收之前就已形成。数据表明，在海底下面 200 ~ 450 m 处沉积层中甲烷水合物平均含量最低，仅约为 1%，而一些单独的样品中甲烷水合物含量则超过 8%。第五，测井记录表明含甲烷水合物区和含自由气区有着截然不同的特点，然而在船上对其的岩性和物理特性测量并没有表现出这些沉积层的区别。

(2) 墨西哥湾气体水合物联合工业项目 Leg Ⅰ、Leg Ⅱ。

在 1970 年墨西哥湾的深海钻井项目(DSDP Leg 10) 中第一次找到直接证据证明甲烷水合物存在。同时在路易斯安那大陆坡上近表面 0 ~ 5 m 处的海洋沉积层岩心也有甲烷水合物存在。海底甲烷水合物沉积层以节点、分散黏土层形式形成。

墨西哥湾气体水合物联合工业项目(JIP) 是 2001 年由业内人士、政府和 DOE 合作成立的项目。其目的是：① 研究钻井获取含甲烷水合物沉积层带来的危害；② 发展用于预测和定性分析甲烷水合物存在沉积层地质特性的工具；③ 取样含水合物沉积层获得用于分析海洋甲烷水合物资源和开采问题的物理数据。2005 年，为了评估与细砂沉积物中少量水合物相关的灾害，JIP 实施了科学钻井、

取心、井底记录。在JIP Leg Ⅰ 结果的基础上,JIP Leg Ⅱ 提出甲烷水合物存在于墨西哥湾深海砂石沉积物中的假设。JIP Leg Ⅱ 最主要的目的是收集含甲烷水合物沉积层的综合数据。为了获得电阻率、声波速度及沉积层孔隙度,JIP 配备了先进的工具,极大地提高了对以砂粒碎石为主的沉积物中甲烷水合物的预估。先进的探测设备也起到极大的作用,得到了关于甲烷水合物存在十分有价值的数据,包括饱和度和甲烷水合物填充区的厚度。2012 年春,GOM JIP 和 DOE 宣布他们将会着重于降压取心及分析设备的发展和探测。

(3) 加拿大 Mallik 天然气水合物站。

加拿大马更些三角洲是另一个已在运作的活跃的水合物探测区,2007 ~ 2008 年期间尤为重要,来自日本石油、天然气和金属国家公司(JOGMEC) 及加拿大自然资源部的学者利用降压方法进行了水合物开采测试。Mallik 1988 项目第一次针对冻土层天然气水合物储藏进行研究,其中包括大量的专用岩心、相关工程及科学研究。在此期间应用了四个岩心系统:温压岩心设备、传统的有线岩心系统及两个传统柱状钻井的岩心桶。在地层部分采集近37 m甲烷水合物高质量岩心。在大量沉积层中均可发现孔隙空间中的甲烷水合物及多种形态的甲烷水合物。通过对 Mallik 2L – 38 井开采出的岩心和探井数据分析可知,甲烷水合物主要储藏在孔隙度为32% ~ 45% 的砂粒沉积层中或孔隙度为23% ~ 29% 的碎石层中。而不含甲烷水合物或者含少量水合物的淤泥相比于砂粒来说,孔隙度普遍偏小或近似。Mallik 2L – 38 测井的电阻率及声学时间探测数据都显示在深度为888. 8 m及1 101. 1 m处存在甲烷水合物,并且水合物饱和度高达90%,平均孔隙度约为30%。2002 年,Mallik 气体水合物开采探井研究项目则包括打开探井数据,并继续使用绳索取心法进行开采。开采区域是深度为 885 ~ 1 151 m 的甲烷水合物稳定区。一系列不同的开井试验在小区间开采井中完成,重点是使用了先进的甲烷水合物测井工具。一些小范围开采测试在甲烷水合物饱和度不同的独立的含甲烷水合物区域完成,利用环热流体的持久注热方法对水合物饱和度较高的区域进行开采。根据探井数据分析,在 Mallik 5L – 38 探井 892 ~ 1 107 m 处存在近 110 m 的甲烷水合物层,甲烷水合物饱和度范围为 50% ~

90%。最主要的甲烷水合物区在 Mallik L－38、2L－38 及 5L－38 三个探井。通过对探井数据的分析可知，三个探井中可原位生产 5.39×10^7 m^3 气体。同时在 2002 年钻井项目里，开采试验结果也与其他项目数据进行对比，并用于甲烷水合物开采模拟。在 Mallik 2007 ～2008 研究探井项目中成功地证明，可以通过在甲烷水合物沉积层中进行传统的油气钻井开采的降压方法实现可持续的气体开采。六天的产气率为 2 000 ～3 000 m^3/d，产水率为 10 ～20 m^3/d。在降压初始阶段，由于高渗透率管路的形成，产气率有所升高，随后降低。接近这些高渗流区域的水合物开始分解，并在产气过程中稳定地释放气体。但是，接下来的时间里，这些高渗流管路就会由于水合物分解而坍塌或者再次生成，导致产气率逐渐降低。

（4）阿拉斯加埃尔伯特山探井。

阿拉斯加南坡是水合物藏存于冻土层中的重要地区，估计该地区有2.4 Mm^3 气体水合物资源未被发现。阿拉斯加埃尔伯特山气体水合物底层测井在2007 年 2 月竣工。这一项目早在2002 年时就已企划，随后评估了甲烷水合物在南坡的资源。接下来三年中，通过阿拉斯加大学、亚利桑那大学及 Ryder－Scott 公司的合作，项目团队对该区域的地址、工程及开采模型进行了研究。美国能源部在当地重新钻取垂直底层探井（命名为埃尔伯特山项目），用来为长期开采勘探项目获取准确信息并评估阿拉斯加南坡水合物藏在技术上和商业中是否均可成为气体资源来源。

美国能源部在埃尔伯特山气体水合物探井区设计一个为期22 天的探测操作项目，并获取岩心、探井曲线及井底开采数据。最先钻取表面探井，深度为595 m。随后电缆可回收取心系统钻取深度为760 m 的岩心。取心团队将该地点的岩心进行处理，收集试样对其孔隙水地质化学特性、气体化学、石油物理特性及热物理特性进行分析。岩心储存在充满液氮的高压反应釜中以便之后研究使用。取心后，探井深度降到 915 m，在这部分研究中使用了核磁共振及偶极声波探测、电阻率扫描、井下电子成像等方法。对所得到的结果进行分子动力测试分析，确定了自由移动水相的存在，以及高甲烷水合物饱和度区域。其体积为孔隙

整体体积的8% ~ 10%,甚至高达15%。对于不与底层游离气或水储层接触的甲烷水合物的储层,似乎需要流动水相的存在来启动降压。

埃尔伯特山项目的独特之处是试验均在开口井中进行,避免了很多与自然和钻井套管相关的复杂性。与Mallik 2002 MDT测井相比,埃尔伯特山测井持续时间较久,为6 ~ 13 h。而与Mallik 2002 MDT测井相似的是,来自早期未流动阶段的从甲烷水合物分解过程中产生的流体压力反应数据表明,该沉积层也是典型的低渗透率多孔介质。这些早期未流动阶段的测试探明了该沉积层在含甲烷水合物时的渗透率为0.12 ~ 0.17 mD。测试过程中也发现,孔隙度小幅度降低会导致固有生成渗透率呈量级降低,同时证明了一个观点:在多孔介质中的甲烷水合物饱和度是受岩石地层影响的固有渗透率的主要控制因素。

(5)Ignik Sikumi试验田。

尽管甲烷水合物大量地存在于海洋及北极区,但直到最近也鲜有必要的技术用于从这些区域进行气体开采。从水合物中获得气体的方式大概为以下几种:分解或者在原位甲烷水合物中“融化”,使含水合物沉积层稳定升高至水合物生成温度以上;向沉积层中注入诸如甲醇或乙二醇热力学催化剂来降低水合物稳定性;降低沉积层的压力至水合物平衡压力以下。最近,许多研究也发现可以通过利用二氧化碳置换甲烷水合物结构中的甲烷分子来生产甲烷气体,此方法不但可以释放甲烷气体,还可以储藏二氧化碳气体。

来自卑尔根大学的康菲石油公司和美国能源部在实验室合作研究通过甲烷气体和二氧化碳气体置换来完成水合物开采。利用磁共振成像(MRI)观测甲烷气体与二氧化碳气体在水合物中的置换过程已申请专利并获批准。第一个成功利用二氧化碳置换完成甲烷水合物开采的气田是阿拉斯加南坡的Ignik Silumi气体水合物气田。来自康菲石油公司的学者及来自JOGMEC的合伙人向目标水合物注入了近5 946.5 m^3的混合流动气体,其中23%为二氧化碳,77%为氮气。在开采过程中,氮气的70%被收回,而二氧化碳只有40%被收回,可推断剩余的二氧化碳在形成过程中被置换留在水合物中。测试田数据表明甲烷气体和二氧化碳气体在固相时发生置换。

(6)MH21 日本南海海槽。

日本近海区存在大量的甲烷水合物。水合物作为未来的经济基础,其开采对能源的长期稳定获取有很大贡献,并推进了钻井技术的发展。为了使日本近海区甲烷水合物商业化开采的技术得到提高,日本甲烷水合物开采项目(MH21)被提出。其目的是:确定日本近海区甲烷水合物的存在及其特性;评估水合物储层内储藏的甲烷量;预估甲烷水合物发展的经济潜能;在甲烷水合物田中进行开采试验;提高商业化开采技术;建立经得起环境考验的甲烷水合物开采系统,同时促进国际化合作。

2008 年 8 月,日本甲烷水合物资源联合研究会发布研究结果综合报告,包括对 2012/2013 年在南海海槽进行的甲烷水合物开采试验相对全面的综述。预期开采测试着重于水深近 1 000 m 的砂层,以及大约海底下面 1 200 m 的生成深度。为了在近海区进行含甲烷水合物沉砂粒沉积层开采测试,预计会使用传统的石油天然气开采技术。但是,该测试在某种程度上也有别于其他传统的近海区气体资源勘测,传统勘测均基于在 Mallik 海上的开采勘测经验。近海区甲烷水合物开采勘测被视为世界上首次海上甲烷水合物试验。同时,提出的近三年的开采计划,为近海区气体开采勘测的安全实施提供了不可或缺的研究和准备工作。

由于海上天然气水合物资源获取在工程上需要面对更大的挑战,因此内陆测试田相比于海上探井发展更快。由于日本天然气的高价位推动,日本国营企业积极投资位于日本中心太平洋沿岸的南海海槽的天然气水合物藏开采项目。在资源性质和沉积层勘测等工作完成后,利用降压技术于 2013 年实现了世界上第一个海上开采测试,开采持续 6 天,产气量为 120 000 m^3。相比于利用相同降压技术进行气体开采的 Mallik 内陆测试田,南海海槽每日平均产气率几乎比其大一个数量级。

(7) 我国 GMGS 探测。

2004 年,为了开展甲烷水合物实验室研究,着重于我国近海区甲烷水合物潜在能源预估研究,中国科学院广州天然气水合物研究中心建立。

2007年6月，广州海洋地质调查局、中国地质科学院地质研究所及国土资源部成功完成了深水甲烷水合物钻井取心项目。2007年4～6月，在我国南海北部的神狐海域实施钻井勘测GMGS1，钻井船为SRV Bavenit。钻井、测井、原位温度测量、孔隙水抽样及取心技术等特殊技术均由Fugro和Geotek提供。八个测试点，探井深度为1 500 m，测试点均利用高精度细绳工具进行勘测，其中五个点进行取心。

GMGS1的操作计划是每个测点采用两个孔，第一个是引导定位孔，用来识别任何浅层气带来的危险。大多数测点的第二个孔（距离引导定位孔10～15 m）用来取样和测试。取样孔用来获得沉积层岩心，用于判断水合物分布的形成温度数据及每个测点甲烷水合物聚集处。每个测点的取心计划都是先从地震有效数据发展而来的。取心均通过传统的绳索取心系统获得。

五个取心测点中，三个测点均探测到甲烷水合物。含甲烷水合物沉积层多为黏土，其中大量为含有孔虫类的砂岩型颗粒。富集甲烷水合物沉积层为10～25 m厚。在取回的甲烷水合物样品中，甲烷是主要气体。通过对降压岩心分析可以确定，甲烷水合物在虫孔密集的细砂粒黏土沉积层中累积，甲烷水合物饱和度为20%～40%。因此，相对具有较多虫孔或者砂岩型颗粒会给水合物生成提供空间及充足的自由水。

2017年3月，位于珠海市东南320 km的神狐海域南海天然气水合物第一口开采井开钻，5月10日试气点火，证实从水深1 266 m海底以下203～277 m处的天然气水合物藏开采出天然气。到5月18日，连续产气近8天，平均日产超过1.6万m^3，超额完成“日产万方、持续一周”的预定目标。截至7月9日，天然气水合物连续试开采60天，累计产气超过30万m^3，取得了持续产气时间最长、产气总量最大、气流稳定、环境安全等多项重大突破性成果，创造了产气时长和总量的世界纪录。由国土资源部中国地质调查局组织实施的南海天然气水合物试采工程全面完成预期目标，标志着第一口井的试开采产气和现场测试研究工作取得圆满成功，并于7月18日实施关井作业。通过近四个月的试验探索和科学研究，取得了一些新的成果和认识：一是防砂技术先进，方法可靠，持续有效发挥作用,可保障产气通道状态良好。二是在举升方式等多方面实现创新,提高产量效果显著。三是调控产能平稳有效,气流稳定,持续时间已达到生产性试开采要求,为产业化发展奠定了坚实的基础。四是海水及周边大气等甲烷浓度无异常,环境无污染。五是井壁和地层稳定,未发生地质灾害,实现了安全可持续生产。六是试采理论、技术、工程和装备领跑优势不断扩大。

2019 年 10 月,中国地质调查局联合中国石油天然气集团及多所国内大学和企业正式启动第二轮试采海上作业,于2020 年 2 月 17 日试采点火成功,持续至 3 月 18 日完成预定目标任务。此次试采取得一系列重大突破:一是创造了“产气总量、日均产气量”两项世界纪录,实现了从“探索性试采”向“试验性试采”的重大跨越。本轮试采 1 个月产气总量为 86.14 万 m^3、日均产气量为 2.87 万 m^3,是第一轮 60 天产气总量的 2.8 倍。试采攻克了深海浅软地层水平井钻采核心关键技术,实现了产气规模大幅提升,为生产性试采、商业开采奠定了坚实的技术基础。我国也成为全球首个采用水平井钻采技术试采海域天然气水合物的国家。二是自主研发了一套实现天然气水合物勘查开采产业化的关键技术装备体系,大大提高了深海探测与开发能力。形成了六大类 32 项关键技术,其中 6 项领先优势明显。研发了 12 项核心装备,其中控制井口稳定的装置吸力锚打破了国外垄断。这些技术装备在海洋资源开发、涉海工程等领域具有广阔的应用前景,将带动形成新的深海技术装备产业链,增强我国“深海进入、深海探测、深海开发”能力。三是创建了独具特色的环境保护和监测体系,进一步证实了天然气水合物绿色开发的可行性。自主创新形成了环境风险防控技术体系,构建了大气、水体、海底、井下“四位一体”的环境监测体系。试采过程中甲烷无泄漏,未发生地质灾害。

实现天然气水合物产业化,大致可分为理论研究与模拟试验、探索性试采、试验性试采、生产性试采、商业开采 5 个阶段。第二轮试采成功实现从“探索性试采”向“试验性试采”的阶段性跨越,迈出天然气水合物产业化进程中极其关键的一步。目前第二轮试采仍在进行中,科技人员将围绕加快推进天然气水合物勘查开采产业化和实施生产性试采进行必要的试验工作。

另外根据取样，发现我国海域天然气水合物储层不像常规油气藏一样有致密的盖层且埋深较浅（300 m以内），因此，西南石油大学学者提出了针对深水浅层非成岩的全新开采模式，即固态流化法。2017年5月，在南海北部荔湾3站位利用完全自主研制技术、工艺及装备成功实施全球首次海洋浅层非成岩天然气水合物固态流化试采作业，在海洋浅层天然气水合物的安全、绿色试采方面进行了创新性的探索，标志着我国天然气水合物勘探开发关键技术已取得历史性突破。

3. 总结

2015年之前的项目有：墨西哥湾深海钻井项目第二阶段（DOE/Chevron JIP）、阿拉斯加南坡长达数月乃至一年的开采井（DOE和私营部门合作伙伴）、2012年CO_2注入法气体开采测试（DOE/ConocoPhillips）、日本首次尝试深海气体水合物开采（日本MH21成果）、美国专属经济海域残余物原位评估、阿拉斯加南坡气体水合物技术上可开采评估全部研究发布（USGS）、第一次对海洋气体水合物技术上可开采评估。

2020年之前的项目有：深海海洋气体水合物第一阶段钻井研究、更深海域（日本和其他国家）或冻土层（美国和加拿大北极区）开采测试、拓展利用石油系统方法评估当地气体水合物资源级别、对不同盆地的定量技术开采资源评估、加强发展通过CO_2方法气体水合物自发开采及CO_2储藏、偏远区域面对能源需求的甲烷气体开采。

根据海上开采累积的经验，小规模商业化气体开采计划将于2025～2030年，在美国或者加拿大海上水合物储层进行。首个近海水合物沉积层的商业化开采将在亚洲进行，最有可能是中国、日本或者韩国。从天然气水合物中开采气体只有在2030年以后才能达到新的水平，但是其对国际天然气资源市场具有举足轻重的影响，因此仍需要加快对天然气水合物的研究。目前，四个主要研究重点为：气体水合物系统特性、原位试样研究技术、开采技术，以及气体水合物与全球气候变化的关联。

1.1.3　天然气水合物开采方法

目前研究将天然气水合物藏以三种储藏方式进行划分,如图1.3所示。储藏方式1为储层分为上下两区:上区为水合物和自由气相及自由水的混合层,下区为自由水和自由气层。储藏方式2为储层分为上下两区:上区也为水合物和自由气相及自由水的混合层,下区为自由水层,无气体。储藏方式3只有水合物一区。三种储藏方式中,水合物和自由气、水均有渗透率较低的上下盖层对其进行束缚。由于天然气水合物的储藏方式不同,天然气水合物的开采方法也会有所不同,对天然气水合物安全高效开采方式的研究正在不断完善。目前,天然气水合物的开采方法有降压开采法、注热开采法、化学抑制剂注入开采法、CO_2置换开采法、联合技术开采法及固态流化开采法,这些做法的目的均为打破天然气水合物相平衡,使水合物分解产生甲烷气体,并且在开采过程均涉及天然气水合物沉积层渗流变化对开采带来的影响。

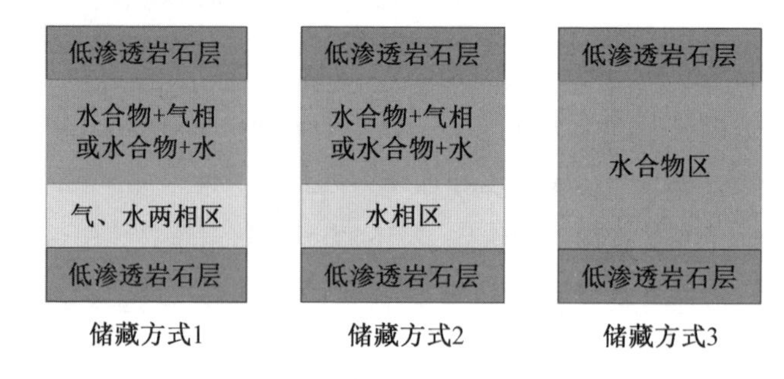

图1.3　天然气水合物储藏方式

1.降压开采法

降压开采法需要将天然气水合物藏的压力降低至当地温度对应的相平衡压力以下。值得注意的是,随着天然气水合物藏的分解,当地的温度也会逐渐降低,一旦温度降低至此时压力所对应的相平衡温度时,水合物的分解便会结束。因此,及时、充足的热量传递及能量提供是十分必要的。所以,天然气水合物是从靠近探井区域开始分解,释放天然气和水。随着水合物的分解,水合物的饱和度逐渐降低,天然气水合物藏的有效渗透率逐渐升高,从而引起压力降低的区域

增大。因此，可持续的降压开采取决于压力扩散、天然气水合物藏饱和度及有效渗透率。

2. 注热开采法

注热开采法是将天然气水合物藏的温度升高至当地压力对应的相平衡温度以上（热水、热蒸汽注入，电热，以及微波辐射），天然气伴随着水开始释放。早在1980年，McGuire便发现在储藏方式2的高渗透天然气水合物藏中，注热法是一种有效的气体开采方式。1982年，该方法由Holder等评估。随后，该方法开始被大量试验模拟及研究。注热开采有三种方法：热水循环、井筒加热及热水吞吐。热水循环包括两个共轴圆柱井，内井设计为热水由开放区注入井底口，外井用于天然气和水产出。在井筒加热方法中，井筒用电热或者其他方法来加热，该方法可认为是原位方法，可以避免热量传递过程中的热量损耗。因此，通过电加热可获得较高的能量效率。相对前两种方法，热水吞吐更复杂但更普遍，该方法是通过井筒向沉积层中注入热水或热蒸汽，然后清空井筒一段时间使热量向沉积层充分传递，最后天然气和水通过井筒产出。

3. 化学抑制剂注入开采法

该方法通过转换天然气水合物相平衡曲线至高压和低温，使得天然气水合物不稳定。通常，化学抑制剂包括热力学抑制剂和动力学抑制剂。热力学抑制剂通过改变天然气水合物相平衡条件来工作；动力学抑制剂则会降低气体水合物形成速率。相比于降压开采法和注热开采法，虽然关于化学抑制剂应用于油气运输的研究很多，但是应用于气体开采技术方面的研究相对较少。甲醇、乙二醇－乙醇是热力学抑制剂方法中两种常用的抑制剂，这是因为其具有高效、毒性小及促进水合物分解的良好作用。由于化学抑制剂作用于流动流体，因此，其在天然气水合物沉积层中的充分流动决定气体开采的效率。与注热开采法相似，化学抑制剂注入的关键问题也涉及扩散和有效渗透率。同时，该方法中影响天然气水合物分解速率的重要因素还有抑制剂溶液浓度、抑制剂注入速率、水合物－抑制剂界面区域的温度和压力。

4. CO_2 置换开采法

1980 年,CO_2 置换开采天然气水合物中甲烷气体的方法被提出。普遍观念认为 CO_2 不仅可作用于甲烷将甲烷从水合物中开采出来,还可以封存之后形成 CO_2 水合物。并且在整个 CO_2 - CH_4 置换过程中,水合物结构没有转换。通过大量的研究,CO_2 - CH_4 置换热力学可行性已被证实。一方面,从热力学观点来看,纯的 CO_2 和 CH_4 分子在相应的条件下,均可生成典型的 sⅠ 水合物,CO_2 水合物形成所需要的摩尔焓(大约为 -57.98 kJ/mol) 比 CH_4 水合物形成所需要的摩尔焓(大约为 -54.49 kJ/mol) 低。这就意味着在相同的温度压力条件下,CO_2 水合物比 CH_4 水合物更稳定。另一方面,由分子动力学研究可知,在 CO_2 置换 CH_4 反应中摩尔吉布斯自由能大约为 -12.00 kJ/mol。利用原位拉曼光谱实验对置换机理进行广泛的研究,有两个观点:第一,置换包括两个独立的过程,即甲烷水合物分解和 CO_2 水合物形成。这一观点中,甲烷水合物首先分解释放了水,再与 CO_2 分子形成 CO_2 水合物,整个过程可描述为先破坏再重建。第二,CO_2 分子直接替换 CH_4 分子,水合物笼状结构没有改变。两个观点的核心区别即为在置换过程中,是否有自由水产生。但至少 CO_2 - CH_4 置换的可行性已由大量的实验和模拟研究验证。

因为纯净的 CO_2 气体在自然界中是不存在的,工业上需要分离提纯才可以获得,因此植物燃烧后产生的 CO_2 和 N_2 的混合气是 CO_2 - CH_4 置换过程中纯净的 CO_2 的来源。在 CO_2 - CH_4 置换过程中,由于 CO_2 分子直径近似 $5^{12}6^2$ 中型笼子,但比 5^{12} 小笼子的直径大,因此 CO_2 分子只能替换 $5^{12}6^2$ 中型笼子中的 CH_4 分子。尽管 sⅠ 水合物中型笼子中所有 CH_4 分子均可由 CO_2 分子置换,但 CO_2 - CH_4 置换方法中的 CH_4 开采率只有75%。N_2 分子的直径小于小笼子,因此,如果采用 CO_2 和 N_2 的混合气对甲烷水合物中的 CH_4 气体进行置换,则 sⅠ 水合物小笼子中的 CH_4 气体有可能被 N_2 分子替换。为了提高 CH_4 气体的开采率,一些研究已开始利用 CO_2 和 N_2 的混合气对甲烷水合物中的 CH_4 进行置换,但对机理部分仍有争论。一些利用拉曼光谱的研究并没有在气体水合物中发现 N_2,因此,另一观点认为 N_2 分子在 CO_2 - CH_4 置换方法中只是起到了促进置换的作用,并没

有直接参与置换 CH_4 分子的过程。因此,利用 CO_2 和 N_2 的混合气对甲烷水合物中的 CH_4 气体进行置换十分有前景。

5. 联合技术开采法

上述讨论的技术均有其工业局限性,如较高的能量消耗、较低的气体采集、较低的气体产气率及环境问题。为了提高产气效率、降低能量消耗及累积产气,各种方法联合是一种更好的开采方法。例如,吞吐法与降压法联合就是其中一种,该方法是由连续热水或热气注入回路、浸透、产气和降压构成。相比于注热开采或者降压开采,联合技术开采法已被证实是从天然气水合物藏中开采天然气更为有效的方法。因此,该方法得到了越来越多的关注。另一种联合技术开采法是将化学抑制剂和注热开采联合,也可以理解为注入热的抑制剂溶液。这种联合技术开采法可有效地抑制气体水合物的二次生成(由于天然气水合物分解时,温度降低),化学抑制剂可轻易从井口流向更远的区域。但是由于其可能会对环境造成影响,因此该方法并没有引起过多的关注。

6. 固态流化开采法

深水浅层非成岩天然气水合物固态流化开采法的核心思想为:基于我国海洋天然气水合物埋深浅、没有致密盖层,矿藏疏松、胶结程度低、易于碎化的特点,利用其在海底温度和压力下的稳定性,通过机械办法将地层中的固态天然气水合物先碎化,后流化为天然气水合物浆体,然后通过完井管道和输送管道采用循环举升的方式将其举升到海面气、液、固处理设施;当天然气水合物浆体进入举升管道后,利用外界海水温度升高、静水压力降低的自然力量而自然分解,分解后气体产生自举升,含天然气的水合物浆体最后返回到水面工程船上进行深度分解与气、液、固分离,从而获得天然气。

深水浅层非成岩天然气水合物固态流化开采法的工艺流程包括海底机械采掘、天然气水合物沉积物粉碎研磨、海水引射与浆液举升、上升过程中流化开采、上部分离及液化、沉积物回填及动力供应等单元。由于整个采掘过程是在海底天然气水合物矿区进行,未改变天然气水合物的温度、压力条件,类似于构建了一个由海底管道、泵送系统组成的人工封闭区域,起到常规油气藏盖层的封闭作用,使海底浅层无封闭的天然气水合物矿体变成了封闭体系内分解可控的人工封闭矿体,从而使海底天然气水合物不会大量分解,实现了原位固态开发,避免了天然气水合物分解可能带来的工程地质灾害和温室效应;同时该方法利用了天然气水合物在传输过程中温度压力的自然变化,实现了在密闭输送管线范围内的可控有序分解。

1.2 天然气水合物渗流相关特性

天然气水合物的开采方法取决于天然气水合物的储藏方式。无论采用哪种开采方式,随着向天然气水合物沉积层中注入热量或者改变沉积层内部压力,都会使沉积层中的天然气水合物发生分解,使沉积层的骨架结构发生变化,影响控制沉积层相渗特性,以及沉积层内天然气水合物分解气、水的运移与产出。天然气水合物气、水多相渗流是天然气水合物资源开采的基础控制机制,研究天然气水合物沉积层骨架结构的变化特性,分析骨架结构变化等因素对天然气水合物沉积层相渗流特性的影响是天然气水合物开采待解决的关键基础科学问题。因此,针对渗流特性的研究引起了各国学者极大的关注。

1.2.1 渗透率特性

渗透率是控制多孔介质中流体在其空间流动难易、影响流体流动过程传热传质的重要参数。在含水合物沉积层中,渗透率影响溶解气和自由气流动、累积、分布及水合物的聚集;同时,含水合物储层的产气能力、水合物稳定区扰动及流向海洋的甲烷都受其影响。在沉积层中,水合物饱和度随着水合物的分解降低,其内部空间结构发生变化,使空间内用于流动的区域增大,因此,含水合物的多孔介质的渗透率也会随之发生变化。

达西定律是用来计算渗透率的基本公式,如下:

$$q = k\frac{A\Delta p}{\mu L} \times 10 \tag{1.1}$$

式中　q—— 在相对应的压差下,通过含水合物多孔介质的流量;

A—— 含水合物多孔介质横截面面积；

L—— 含水合物多孔介质长度；

μ—— 通过含水合物多孔介质的动力黏度；

Δp—— 流体通过含水合物多孔介质前后的压力差；

k—— 含水合物多孔介质渗透率，其指的是绝对渗透率，并且绝对渗透率只与多孔介质结构相关性质有关，是其本身属性，与在其中流动的流体性质无关。

通常多孔介质中都不会只有一种流体流动，当多孔介质中同时有多种流体流动时，由于流动空间的限制，不同流体之间会相互影响，与单一流体的渗流流动规律不同，这时就会采用相渗透率来描述此时各流体的渗透率。相渗透率定义为，在多孔介质中存在着多相流动的情况下，其中一相流体的流动能力，也称为有效渗透率。多相流体同时在多孔介质中流动，其相渗透率之和均小于该多孔介质的绝对渗透率，这是由于各相流体之间在流动时相互影响，相互干扰，此时要克服各类阻力和毛细管力等。衡量某一相流体通过多孔介质的能力大小的直接指标为相对渗透率，即该相流体有效渗透率与绝对渗透率的比值。

图1.4是典型的气/水相对渗透率曲线。根据两条相对渗透率曲线与x轴的交点，将该图分为三个区域。A区为单相气流动区，此时多孔介质中的情况是水饱和度很小，孔隙表面呈现亲水性，水处于颗粒表面及孔隙边角部分，有大量的空间用于气相流动，水相对其流动的影响很小，因此A区气相相对渗透率下降很少，而水相相对渗透率为0。S_{wi}即为束缚水饱和度。B区为气水共同流动区，随着水饱和度S_w的逐渐增大，水相相对渗透率k_{rw}升高，气相相对渗透率k_{rg}降低，气水流动相互作用，相互干扰。随着水饱和度达到一定程度，在气水两相的压差下，水相开始流动，此时的饱和度即为最低湿相（水）饱和度。高于此饱和度，水在多孔介质中的流动空间就会增大，故k_{rw}逐渐升高。由于气相的流动空间被水占据，非湿（气）相在流动过程中就容易因水的流动而失去原有的连续性，出现液阻效应，即贾敏效应，该效应对气水流动影响很大。C区为单相水流动区，该区内非湿（气）相已失去连续性，分布于湿（水）相中，最后滞留于孔隙内部。这部分

残留非连续气体由于贾敏效应对水流动造成了很大的阻力。

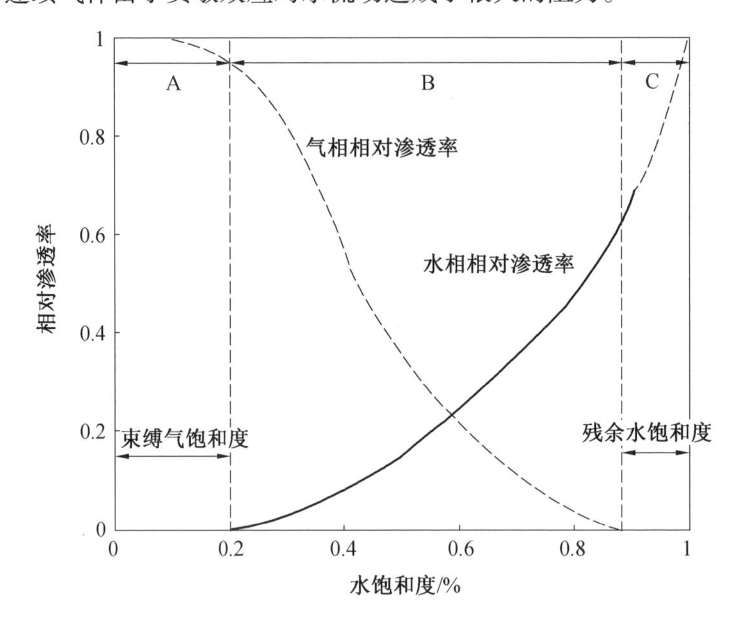

图 1.4　典型的气/水相对渗透率曲线

1.2.2　渗透率模型

水合物在孔隙空间生成的位置对含水合物多孔介质中的渗透率有至关重要的影响。由于水合物通过孔隙大小和孔隙形状的改变影响流体流动及渗透率，悬浮型的水合物比包裹型水合物对渗透率的影响更为严重;但是水合物在颗粒连接处更容易堵塞孔隙空间喉道,导致渗透率更大程度地减小。基于目前自由气有限的有效数据,在含水合物系统中,悬浮型水合物模型可以提供更好的渗透率评估。考虑水合物为极薄的一层固体这一极限情况,若水合物包裹孔隙壁面，对流体流动的影响最小;若水合物薄层将水平喉道平分,每个管道将减为之前的二分之一,渗透率则减小为之前的四分之一。如果水合物堵住喉道横截面,原则上渗透率降为零。本书将一些渗透率模型与本书研究的模拟模型进行对比,得出结论:多孔介质中的流体流动是由具有最大横截面的连续喉道决定的。因此，水合物沉积层的渗透率取决于水合物在其中生成的位置。

1. 模型一:平行毛细管道模型

在此模型中,把多孔介质假设为一组相互平行且具有相同内径的圆柱状毛细直管道,内径大小为 a。假设多孔介质由 n 个单位横截面毛细管道组成,则通过流体的流量为

$$q = \frac{n\pi a^4}{8\mu}\frac{\Delta p}{L} \tag{1.2}$$

式中　μ—— 动力黏度;

$\Delta p/L$—— 压力梯度。

多孔介质中渗透率为

$$k = \frac{q\mu}{\Delta p/L} \tag{1.3}$$

单位横截面的毛细管道数 n 的孔隙度 φ 为

$$\varphi = n\pi a^2 \tag{1.4}$$

因此模型中不含水合物多孔介质的渗透率 k_o 为

$$k_o = \frac{\varphi a^2}{8} \tag{1.5}$$

2. 模型二:水合物在毛细管道中间生成

最简单的渗透率模型假设水合物不在颗粒表面而是在毛细管道中间生成,并留下环形通道供水相流动。毛细管道半径为 a,生成的水合物核半径为 b。在此情况下,单管道流体流量为

$$q = \frac{\pi}{8\mu}\Delta p\left[a^4 - b^4 - \frac{(a^2 - b^2)^2}{\log\frac{a}{b}}\right] \tag{1.6}$$

水合物饱和度为

$$S_h = \left(\frac{b}{a}\right)^2 \tag{1.7}$$

根据上述推导,一束毛细管道的渗透率为

$$k(S_h) = \frac{\varphi a^2}{8}\left[1 - S_h^2 - \frac{(1 - S_h)^2}{\log\frac{1}{S_h^{0.5}}}\right] \tag{1.8}$$

水相的相对渗透率为

$$k_{rw}=1-S_h^2+\frac{2(1-S_h)^2}{\log S_h}=1-(1-S_w)^2+\frac{2S_w^2}{\log(1-S_w)} \tag{1.9}$$

3. 模型三:水合物包裹毛细管道壁面

水合物均匀地包裹在每个毛细管道壁面,使流体流动的孔隙空间半径降至 a_r,流体流量为

$$q=n\pi a^4\frac{\Delta p}{8\mu L} \tag{1.10}$$

由于每个单位横截面所含毛细管道数为

$$n=\frac{\varphi}{\pi a^2} \tag{1.11}$$

水相渗透率减小为

$$k(S_h)=\frac{\varphi a_r^4}{8a^2} \tag{1.12}$$

又由于

$$a_r^2=a^2(1-S_h) \tag{1.13}$$

因此

$$k(S_h)=\frac{\varphi a^2(1-S_h)^2}{8} \tag{1.14}$$

水相的相对渗透率为

$$k_{rw}=\frac{k(S_h)}{k_o} \tag{1.15}$$

即

$$k_{rw}=(1-S_h)^2=S_w^2 \tag{1.16}$$

4. 模型四:颗粒介质渗透率预测

相比于简单的管道模型,颗粒介质渗透率预测更复杂。目前没有一个通用的模型可以应用于岩石和沉积物渗透率模拟,因其孔隙空间不规律,流动线路比用于定义压力梯度的直线长。Kozeny 系流体渗透率公式最早于 1960 年由 Scheidegger 提出。以下为各种情况下的公式,其中 A 始终指孔隙表面积。

（1）利用孔隙表面积与孔隙体积比来表述渗透率。

$$k = \frac{\varphi}{\nu\tau(A/V)_{pore}^{2}} \tag{1.17}$$

式中 ν—— 形状因子。

（2）利用孔隙表面积与整体岩石体积比来表述渗透率。

$$k = \frac{\varphi^{3}}{\nu\tau(A/V)_{rock}^{2}} \tag{1.18}$$

式中 ν—— 形状因子。

（3）利用孔隙表面积与粒径体积比来表述渗透率。

$$k = \frac{\varphi^{3}}{\nu\tau(1-\varphi)^{2}(A/V)_{grain}^{2}} \tag{1.19}$$

式中 ν—— 形状因子。

迂曲度为

$$\tau = \left(\frac{L_{a}}{L}\right)^{2} \tag{1.20}$$

式中 L_a—— 流动路线的长度，相比于对应压差 Δp 的直线长度 L 要长些。

迂曲度 τ、电导系数 F 及孔隙度 φ 的关系为

$$\tau = F\varphi \tag{1.21}$$

假设形状因子 ν 不随水合物饱和度变化，于是得到

$$k_{rw} = \frac{F_{o}}{F(S_{h})}\left[\frac{A_{o}}{A(S_{h})}\right]^{2}\left[\frac{V(S_{h})}{V_{o}}\right]^{2} \tag{1.22}$$

式中 F_o—— 不含水合物的电导系数；

A_o—— 不含水合物的孔隙表面积。

为计算 Kozeny 颗粒模型的相对渗透率，需要了解电导系数与体表面积比随着水合物的形成的变化规律。在 Spangenberg 的研究中，关联了水合物的生长方式与电导系数的相互关系，并导出了介质中包含水合物的电导系数 $F(S_h)$ 与介质中不包含水合物的电导系数 F_o 的关系：

$$\frac{F(S_{h})}{F_{o}} = (1 - S_{h})^{-n} \tag{1.23}$$

式中　n——阿尔奇饱和系数。

另外,孔隙水体积比为

$$\frac{V(S_h)}{V_o}=1-S_h \tag{1.24}$$

因此

$$k_{rw}=(1-S_h)^{n+2}\left[\frac{A_o}{A(S_h)}\right]^2 \tag{1.25}$$

5. 模型五:水合物包裹粒径表面

在此模型中,假设粒径表面被水合物包裹,因而随着水合物含量的增加,孔隙内水的体表面积将会减小。其中,圆柱体孔隙模型是最简化的近似形式。若不含水合物时孔隙半径为 a,含水合物时孔隙半径为 a_r,则表面积比为

$$\frac{A_o}{A(S_h)}=\frac{a}{a_r} \tag{1.26}$$

又因为

$$S_h=1-(a_r/a)^2 \tag{1.27}$$

$$\frac{A_o}{A(S_h)}=(1-S_h)^{-0.5} \tag{1.28}$$

得到毛细管道模型

$$k_{rw}=(1-S_h)^{n+1} \tag{1.29}$$

在这个模型中,水合物饱和度在0 ~ 80% 之间,水饱和度在20% ~ 100% 之间时,饱和度指数 n 为1.5。若水合物饱和度大于80% 且水饱和度小于20% 时,饱和度指数则发散,但在此区间,水相相对渗透率非常低,因而饱和度指数 n 的增长所带来的影响可忽略不计。

6. 模型六:水合物占孔隙中央

在此模型中,假设孔隙中央是水合物的优先成长位点,则水合物的成长会带动其孔隙表面积的增加。随着水合物的增长,孔隙表面积会变为原来的2 倍。在圆柱体模型中

$$A(S_h)=A_o(1+S_h^{0.5}) \tag{1.30}$$

因此,水相相对渗透率为

$$k_{rw}=\frac{(1-S_h)^{n+2}}{(1+S_h^{0.5})^2}=\frac{S_w^{n+2}}{[1+(1-S_w)^{0.5}]^2} \tag{1.31}$$

这里忽略了毛细管力的影响,饱和度指数 n 由 0.4(水合物饱和度为10%,水饱和度为90%)增加到1(水合物饱和度为100%)。

7. 模型七:LBNL 模型

EOSHYDR/TOUGH2 模型使用之前的相对渗透率模型

$$k_{rw}=\bar{S}_w^{1/2}[1-(1-\bar{S}_w^{1/m})^m]^2 \tag{1.32}$$

式中　$\bar{S}_w=\frac{S_w-S_r}{1-S_r}$,$S_r$ 为束缚水饱和度;

m—— 拟合参数,取决于土壤。

8. 模型八:东京大学模型

这个模型是以毛细管道为起始点,假设水合物包裹在毛细管道内壁,得出以下通用公式:

$$k_{rw}=(1-S_h)^N=S_w^N \tag{1.33}$$

式中　N—— N 的增加主要是由于孔隙、喉道中水合物的累积,$N=2$ 是几何计算结果,Masuda 等选择了 $N=10$ 或 $N=15$,但并没有给出选择的原因。

9. 模型九:孔隙度演变和绝对渗透率的关系

在水合物生成与分解的过程中,有效孔隙度受水合物饱和度影响:

$$\varphi_{eff}=\varphi(1-S_h) \tag{1.34}$$

在此模型中,绝对渗透率与孔隙度有对数关系,即

$$\log k=a\varphi_{eff}+b \tag{1.35}$$

1.2.3　毛细管力

多孔介质中用于流体流动的孔隙空间都是毛细管。当毛细管中存在两相流体时,流体接触面处将呈现弯曲的液面,其大小由拉普拉斯方程确定,即

$$p_c = \sigma\left(\frac{1}{R_1} + \frac{1}{R_2}\right) \tag{1.36}$$

式中　R_1、R_2—— 主曲率半径；

p_c—— 毛细管力；

σ—— 两相间的界面张力。

当 $R_1 = R_2 = R$ 时，可得到

$$p_c = \frac{2\sigma}{R} \tag{1.37}$$

由图 1.5 所示毛细管半径与曲率半径的关系可以得到

$$\cos\theta = \frac{r}{R} \tag{1.38}$$

式中　θ—— 接触角；

r—— 毛细管半径。

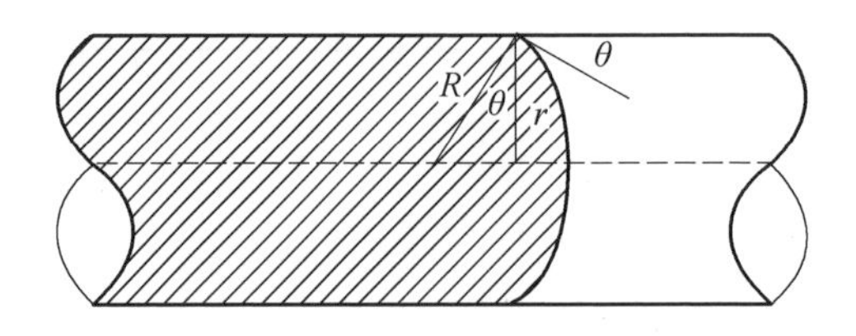

图 1.5　毛细管半径与曲率半径的关系

则可得到

$$p_c = \frac{2\sigma}{R} = \frac{2\sigma\cos\theta}{r} \tag{1.39}$$

由式(1.39)可知，毛细管力与半径成反比，毛细管半径越大，毛细管力越小。同理，两相间界面张力越小，其接触角越大(亲湿性越强)，则毛细管力就越小。

图 1.6 所示为毛细管力与水饱和度的关系曲线，即毛细管力曲线。曲线 a 最初毛细管力为 0，所有亲湿(水)相均连通。在毛细管力从 0 到正无穷大过程中，亲湿(水)相饱和度逐渐降低。随着饱和度的降低，亲湿(水)相开始不连续，最后由于毛细管力的增大，所有亲湿(水)相被束缚在多孔介质中，此处对应的亲湿(水)相饱和度为束缚水饱和度。曲线 b 最初毛细管力为最大正值，逐渐减低至

0,在此过程中,亲湿(水)相饱和度逐渐增大。当毛细管力降至0时,得到非湿(气)相的残余饱和度。虽然此时毛细管力为0,但非湿(气)相仍连接,因此该饱和度定义为残余饱和度而非束缚饱和度。

毛细管力曲线与多孔介质孔隙结构及其内两相渗流相关。由于一定的毛细管力对应着一定的孔隙和喉道半径,因此毛细管力曲线实际上包含着多孔介质中孔隙、喉道的分布规律,从而可以得到渗透率的变化规律。

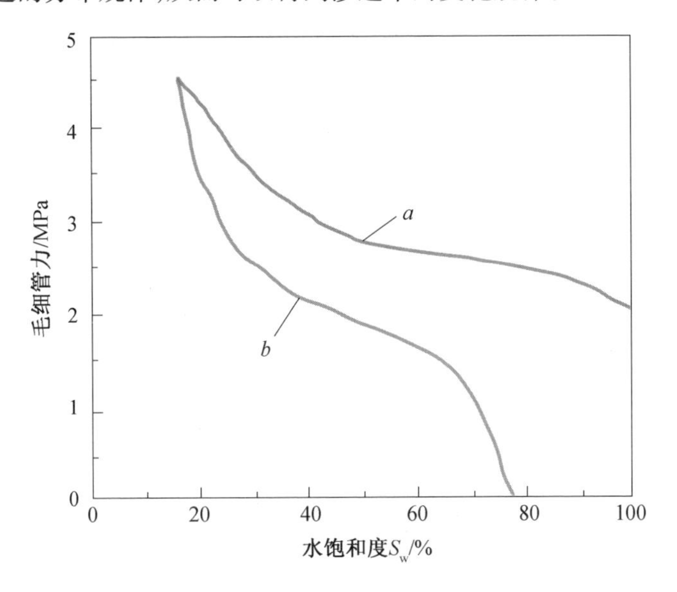

图1.6　毛细管力与水饱和度的关系曲线

1.2.4　迂曲度

孔道迂曲度是描述渗流通道内的一个重要参数。多孔介质内部的传输问题经常涉及其内部微观结构,而迂曲度是一个微观参数,是多孔介质微观结构的特征。弯曲管道的迂曲度通过广义的哈根方程经常涉及渗透率,所以迂曲度的计算直接影响多孔介质内部阻力的计算。迂曲度定义为渗流通道内的实际长度与穿过渗流介质的视长度(宏观距离)的比值,即渗流流体质点穿越介质单位距离时,质点在孔道中运动轨迹的实际长度,如图1.7所示。

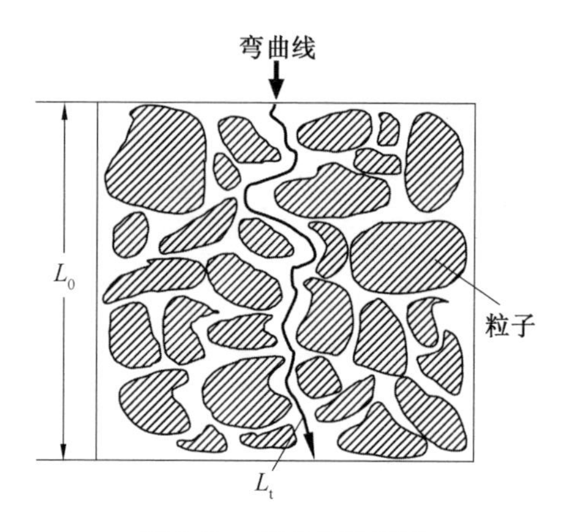

图 1.7　迂曲度示意图

迂曲度可表示为

$$L_t = \tau \cdot L_0 \tag{1.40}$$

式中　L_t—— 弯曲线的长度；

τ—— 迂曲度；

L_0—— 介质直线长度。

1.3　天然气水合物渗流研究进展

1.3.1　天然气水合物渗流模拟研究进展

Masuda 等利用东京大学开发的 MH21 - HYDRES 软件在日本 MH21 项目预测气水开采的研究中揭示，砂层和黏土层的渗透率对水合物聚集的沉积层的气体开采率均有影响。同年，Masuda 等又利用上述软件模拟分析日本南海海槽和墨西哥湾海洋甲烷水合物沉积层气体开采情况，结果显示高于有效渗透率的阈值时初始有效渗透率是选择降压法开采海洋甲烷水合物的重要因素。值得注意的是，该软件中与渗透率相关的参数均显示水合物在孔隙空间以悬浮型赋存形式而非包裹型赋存形式存在。

Yousif 等建立一维三相模型模拟含水合物贝雷岩心(Berea sandstone) 降压

开采，并得到水合物岩心的渗透率与孔隙度及水合物分解速率有密切关系的结论。

Spangenberg 采用简单的毛细管渗透率模型，研究了多孔介质渗透率与水合物饱和度之间的关系。在此模型中，将多孔介质假设为由一组相互平行的圆柱状直毛细管组成，分别考虑了以下两种情况：第一，水合物在毛细管内壁生成、增长并均匀覆盖在壁面；第二，水合物在毛细管内部生成并增长。

Kleinberg 等完善了 Kozeny 所开发的多孔介质渗透率模型，提出了多孔介质颗粒渗透率模型。该模型中把水合物的生成方式分为两种，即水合物在孔隙中心生成的情形和水合物包裹颗粒的情形，系统研究了水合物生长方式对孔隙比表面积及多孔介质孔隙内部流体的流动特性等的影响。

宋永臣等建立一个二维长圆柱水合物岩心模型，分别研究在采用降压、注热和联合开采三种方法进行天然气水合物沉积层气体开采时，渗透率对产气率的影响。得到结论：在降压开采过程中，气体相对渗透率较高工况下产气率增长更快，而水的相对渗透率影响较低；在注热开采和联合开采过程中，气体和水的相对渗透率对产气率的影响均较小。

Jang 等利用孔隙网络模型（PNM）与计算机断层扫描成像（CT）或者离散单元法结合，模拟了含水合物沉积层中气体的扩散过程，并计算了内部气水两相的相对渗透率，根据模拟结果用经验公式进行拟合。得到结论：高水合物饱和度会降低气体的渗透率，水合物的生成习性对相对渗透率的影响甚至比水合物饱和度还大。非均质分布的水合物更容易导致较低的束缚水饱和度和较高的气／水相对渗透率。

日本国家先进工业科学技术研究所（AIST）用大尺度模拟海洋沉积层中甲烷水合物分解过程中渗透率的特性及气体开采现象，对取决于甲烷水合物分解和气体开采的相对渗透率曲线进行了讨论。发现气体水合物值随着气体渗透率指数 N_{krg} 的增大而减少。结果表明，为了开采分解气体，需要较大的开采井的压力梯度。水相相对渗透率对甲烷水合物分解和气体开采影响相对较小，因为气体的相对渗透率在此模拟中对甲烷水合物分解和气体开采影响相对较高。

1.3.2 天然气水合物渗流实验研究进展

截至目前，已经进行了大量的水合物沉积层渗透率测量实验研究，见表1.2。Masuda等不仅使用了相对成熟的商业软件进行开采模拟，还通过实验的方法，建立了描述多孔介质渗透率与天然气水合物饱和度之间相互关系的表达式。此表达式可用来描述天然气水合物分解过程中多孔介质的渗透率变化，在一定程度上能够预测多孔介质内天然气水合物分解产生的气、水流动情况。日本产业综合研究所在水合物的形成与多孔介质渗透率的相互影响方面，做了大量的实验研究。Masuda、Sakamato、Shimokawara和Minagawa等研究发现，以束缚水所生成的水合物饱和度为临界点，渗透率随着水合物饱和度呈现不同的变化规律。低于此临界点时，水合物饱和度对渗透率的影响不大；高于此临界点时，渗透率随着水合物饱和度呈指数规律变化。这些研究结果被应用到商业软件MH21中，用来模拟水合物的开采过程。

Minagawa等结合核磁共振(NMR)方法和渗透率测量系统研究含水合物沉积层的特性，如孔隙大小分布及渗透率。他们利用达西定律测量了水相流动，并比较了不同有效孔隙度下的有效渗透率。

Kneafsey等用CT测量了多孔介质中水合物的饱和度，并与TOUGH软件中的倒置模型相结合，得到了多孔介质的绝对渗透率，以及多孔介质中水、气的相对渗透率随着水合物分解过程的变化规律。又利用CT观察由于水合物生成和水相流动导致的水合物岩心的特定位置密度变化，并测量了在干燥、潮湿及冷藏三种情况下的气体渗透率。得到结论：潮湿岩砂的有效渗透率随着潮湿度的增加而降低，随着水合物岩心孔隙空间填充的增加而降低。通过将模拟预测和实验测量的水饱和度分布进行比较，来检验孔隙空间水合物的累积特性对流体流动的影响。

Jin等通过绝对渗透率与孔隙网络之间的关系评估了含水合物沉积层的渗透率。利用X射线扫描系统得到的沉积层三维图像来分析用于气水两相流动的连续孔隙通道。结果表明就方向而言，水平方向连续孔隙通道的比重是决定绝对渗透率的主要因素。沉积层的绝对渗透率与连续孔隙通道的分布有紧密联系。

表1.2 水合物沉积层渗透率测量实验研究

实验类型	水合物类型	沉积层类型	测量方法	生成方法	水合物赋存形式	水合物饱和度/%
单相流动测试	甲烷	贝雷砂岩	水驱	过量气法	—	0 ~ 60
	甲烷	玻璃砂	水驱	过量气法	孔隙填充	0 ~ 28
	甲烷	泥沙混合物	气驱	过量气法	孔隙填充	0 ~ 49
	甲烷	石英砂	水驱	过量气法	孔隙填充	0 ~ 30
	甲烷	玻璃砂	水驱	过量气法	—	0 ~ 10
	二氧化碳	玻璃砂	气驱	过量气法	包裹 + 孔隙填充	0 ~ 49
	二氧化碳	渥太华砂	水驱	过量气法	—	0 ~ 47
	甲烷	高岭土	气驱	冰种法	—	0 ~ 41
	甲烷	黏土	气驱	冰种法	—	0 ~ 32
	南海海域试样		水驱	—	孔隙填充	0 ~ 52
	南海海域试样		海水驱	—	—	0 ~ 70
	印度近海试样		水驱	—	—	37 ~ 89
	印度近海试样		水驱	—	—	—
两相流动测试	甲烷	俄克拉何马州砂	气驱 + 水驱	过量气法	—	7 ~ 31
	甲烷	砂	气驱 + 水驱	过量气法	—	0 ~ 15

续表1.2

实验类型	水合物类型	沉积层类型	测量方法	生成方法	水合物赋存形式	水合物饱和度/%
其他	甲烷	贝雷砂岩	核磁共振	溶解气	孔隙填充	2 ~ 25
	神狐海域试样		核磁共振	—	孔隙填充	0 ~ 40
	甲烷	石英砂	计算机断层扫描成像 + 孔隙网络模型	—	—	18 ~ 25
	氙气	砂	计算机断层扫描成像 + 格子玻尔兹曼	过量气法	孔隙填充	12 ~ 60
	氪气	石英砂	计算机断层扫描成像 + 孔隙网络模型	过量气法	孔隙填充 + 块状 + 黏结	0 ~ 53

Kumar 等将实验得到的不同水合物饱和度下渗透率的数据与渗透率经验公式进行拟合，发现当初始水合物饱和度低于35% 时，水合物倾向于在颗粒表面生成；当初始水合物饱和度高于35% 时，水合物倾向于在孔隙中央生成，形成孔隙填充型水合物。为了拟合 Masuda 模型中渗透率的下降指数，又将实验数据与 Masuda 渗透模型进行对比，并建立了水合物降压分解的一维模型。

Jaiswal 等设计了一个测量实验室合成含气体水合物多孔介质中气/水相对渗透率的新方案，测量了不同饱和度下含气体水合物多孔介质中的有效渗透率和相对渗透率。其中气/水相对渗透率均由 Johnson - Bossler - Neumann 方法决定。结果表明，渗透率的降低主要是由于气体水合物的增加导致的。非稳态岩心内流体流动的相对渗透率也主要由气体水合物的饱和度决定。另外，在不同的多孔介质中、相同的水合物饱和度下，气体水合物的分布影响有效渗透率和相对渗透率。该实验获得的数据可应用于沉积层模型、流体流动模型、水合物开采开发相对渗透率的评估。

宋永臣等搭建了基于达西定律的渗流试验台。采用不同平均粒径(0.110 mm和0.210 mm)的玻璃砂来模拟天然气水合物沉积层,测量了渗透率随甲烷水合物饱和度的变化规律,并与不同模型的模拟值进行比较,拟合得到了渗透率与甲烷水合物的生成模式及饱和度之间的经验公式。

Kleinberg 等通过核磁共振实验观察水合物沉积层水的孔隙级别分布与冰的分布,发现渗透率取决于未结冰水的含量。

Tohidi 等利用玻璃砂模拟天然气水合物沉积层,分别研究了四氢呋喃(THF)、CH_4 和 CO_2 水合物的形成。研究表明,颗粒表面覆盖着很薄的一层水膜,由于水膜的存在,水合物会优先在孔隙中心生成。NMR 的测量结果显示,水合物孔隙填充模型在25% 水合物饱和度和3% 气体饱和度条件下的预测值精度较高。

李小森等通过实验手段测量了多孔介质中的水相渗透率,系统研究了多孔介质中流体的流动特性,以及水合物对多孔介质中水相渗透率的影响。

AIST 建立了一个具有多个压力计接口的新型岩心夹持器,可测量岩心中间部分的压差,避免末端效应。结合 CT 设备观测残余气和注射水的移动,确定了含甲烷水合物的人工岩心中气水两相的有效渗透率。其还利用日本南海海槽天然岩心研究了低渗透率水合物岩心特性。结果表明,在低渗透率岩心中控制水合物分解过程的是传热。与渗透率低的岩心降压相比,具有高渗透率的人工岩心分解过程有所不同:由入口压到开采压会有时间滞后。

Delli 等做了一系列实验来研究二氧化碳水合物中渗透率的变化,并将实验测得的渗透率结果与相关原理模型进行比较,其中模型为颗粒包裹和孔隙填充按比例形成的混合模型。通过分析可知,水合物的饱和度增大导致渗透率逐渐降低。

由相关文献报道可以发现,目前国际上关于天然气水合物沉积层渗透特性的研究仍主要针对稳态条件,通过研究不同水合物饱和度、孔隙度条件下沉积层的渗透率,近似描述天然气水合物分解过程中沉积层的渗透性变化。然而,实际的天然气水合物开采过程不仅受天然气水合物饱和度、孔隙度变化等的影响,还受沉积层骨架结构的变化、水合物的二次生成、结冰等因素的影响，单纯研究天然气水合物饱和度、孔隙度等与沉积层渗透率的关系，不能反映实际天然气水合物开采过程中沉积层渗透性的变化规律，会影响渗透率模型的应用以及对气、水多相渗流的预测能力。

第2章

水合物数字岩心提取 ——基于CT平台的水合物可视化技术

大量研究表明,水合物储层内孔隙空间结构控制着气水运移,进而制约着天然气最终的采收率。因此,直观、准确地捕捉水合物储层内的孔隙空间结构,对研究水合物储层渗流特性起到至关重要的作用。本章详细介绍利用CT设备可视化测量水合物岩心储层孔隙空间结构和孔隙空间内水合物赋存形式等的方法及过程,为后续基于真实岩心结构研究水合物储层渗流特性做准备。

利用孔隙网络模型计算水合物沉积物内部渗流特性之前需要对水合物三维数字岩心进行提取，同时，水合物的成核生长方式很大程度上影响含水合物沉积物内部孔隙空间结构及其内部流体流动规律，进而影响水合物沉积物内部各相渗流特性。也就是说，在研究水合物渗透率等基础物性之前，准确观察辨别水合物沉积物中水合物的成核生长方式是必不可少的。在水合物生成分解实验中，目前观测水合物的方法有传统方式（利用透明釜直接观察）、光学检测（利用水合物对光通过率的影响）、超声检测（利用实测的声学参数来体现岩心物性）和磁共振成像（MRI，利用物体内部氢质子核在磁场中受到脉冲激发产生核磁共振、能量发生变化的原理）。本章使用具有较高空间和密度分辨力的计算机断层扫描（CT）成像技术，基于沉积层中的水合物各相密度差异引起的图像灰度值的差异，对沉积层中的水合物进行准确观察与识别，为用于水合物沉积层内部渗流特性研究的孔隙网络模型提供基础结构、建立数据信息。

2.1　计算机断层扫描成像技术

CT工作过程：将扫描样品固定，避免扫描时晃动对成像清晰程度的影响。开启X射线源，X射线穿过样品之后强度会有不同程度的衰减，最后投射到X射线探测器上，X射线探测器对该X射线信号进行保存、处理。随后按照实验需要的精度要求将样品旋转预设角度，重新扫描并记录X射线衰减信号，待样品共转180°后结束整个扫描过程，如图2.1所示。

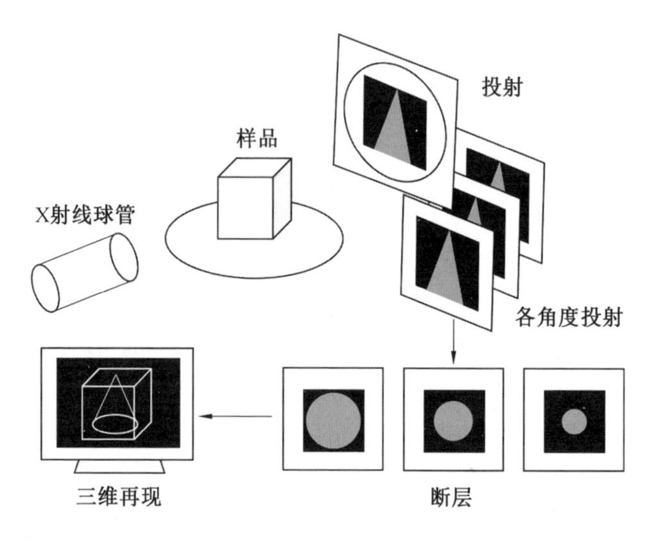

图 2.1　CT 成像原理图

CT 的基本原理：当 X 射线穿过样品时，对一定厚度的片层进行扫描，样品组分的不同导致 X 射线被吸收的程度也不同，使得 X 射线穿过选定片层前后的强度产生变化，利用数学手段，通过计算机处理，求解出衰减值。将衰减值的二维分布转换成图像画面上的灰度分布或者 CT 数的分布，并将得到的众多片层叠加，构成样品密度组成的空间分布（图2.2）。也可以说X射线成像的本质是衰减值成像，因此当一束 X 射线穿透一物体，所有路径的物质对该 X 射线吸收系数的总和为

$$I = I_0 \exp\left(-\sum_{t=1}^{n} s_t \mu_t\right) \tag{2.1}$$

式中　I_0、I—— 穿过样品前、后的射线强度；

μ_t—— 该物质的线性吸收系数；

s_t—— 射线穿过该物质的厚度。

CT 图像是由相应数目、全黑到全白不同灰度的像素所构成的。像素的灰度反映了该像素所在体素对 X 射线的吸收程度。黑色区域表示对 X 射线吸收较低的区域，即低密度区；白色区域表示对 X 射线吸收较高的区域，即高密度区。需要指出的是，这里的密度均为相对密度，而不是物质密度的绝对值。

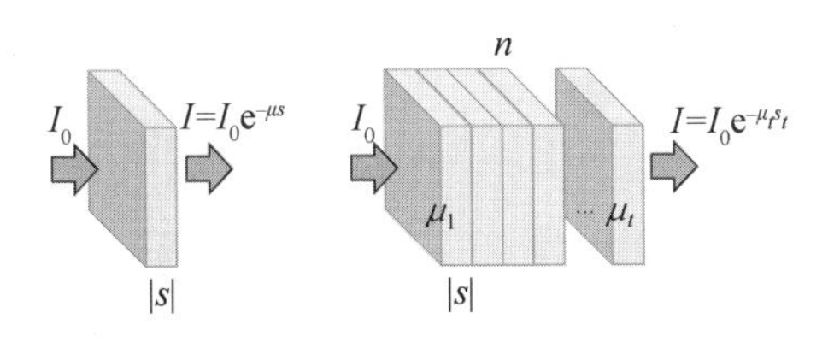

图 2.2　样品中 X 射线衰减

2.2　水合物原位生成可视化研究

图 2.3 所示为沉积层中水合物原位生成观测识别实验系统。实验系统主要由三部分组成:温度控制环节、高压反应装置及数据采集系统。高压反应釜为设计加工 CT 实验专用,成分为聚酰亚胺,最高可承受 10 MPa,直径为 10 mm,长为 20 mm,实物图和设计图如图 2.4 所示。实验过程中,高压反应釜由水冷却器包围并控制温度,使得整个实验过程中水合物始终保持稳定,不分解。温度和压力均由热敏电阻和压力传感器测量,其精度分别为 ±0.1 K 和 ±0.1 MPa,并由安捷伦数据采集仪对温度压力数据进行记录。其中,A1、B1 为注入泵(美国,ISCO 公司,260D,相对精度为 0.5%),分别用来注入水和甲烷。

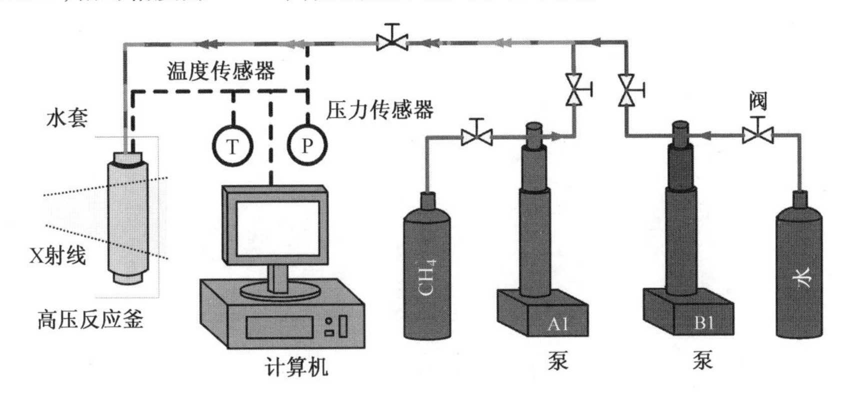

图 2.3　沉积层中水合物原位生成观测识别实验系统

本实验系统所采用的 X 射线断层扫描成像装置为微焦 CT 装置,由日本岛津公司生产,型号为 inspeXio SMX - 225CT,如图 2.5 所示。样品载物台最大搭载

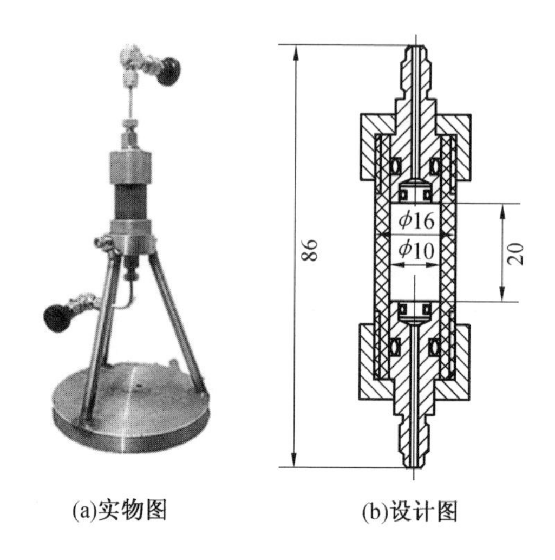

图 2.4　CT 实验高压反应釜(单位:mm)

质量为 9 kg (包含样品固定夹具),最大样品尺寸为 $\phi300$ mm × $H300$ mm。X 射线发生装置最大管电压为 225 kV,最大管电流为 1 mA,额定输出功率为 135 W。整套装置最高像素能达到 2 048 × 2 048,最大分辨率为 4 μm。图 2.6 所示为 CT 装置内部结构简图。

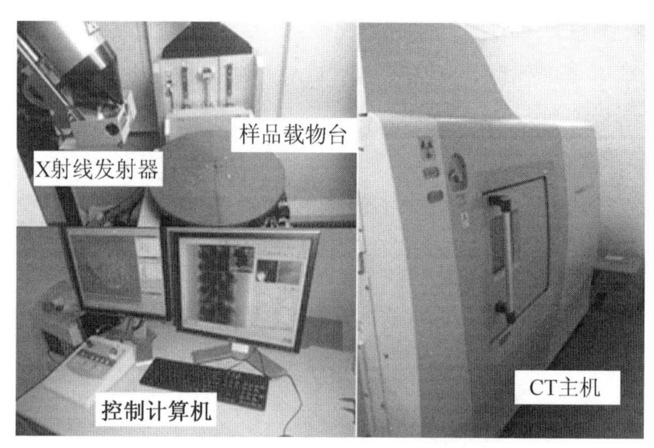

图 2.5　岛津微焦 CT 装置

实验前,用去离子水清洗高压反应釜和管道;去离子水会在整个实验过程中使用。初始压力设置为 7.2 MPa,利用在聚氯乙烯水制冷器中循环乙二醇水溶液制冷剂使温度始终保持在 0.2 ℃,并在此条件下生成甲烷水合物。甲烷水合物

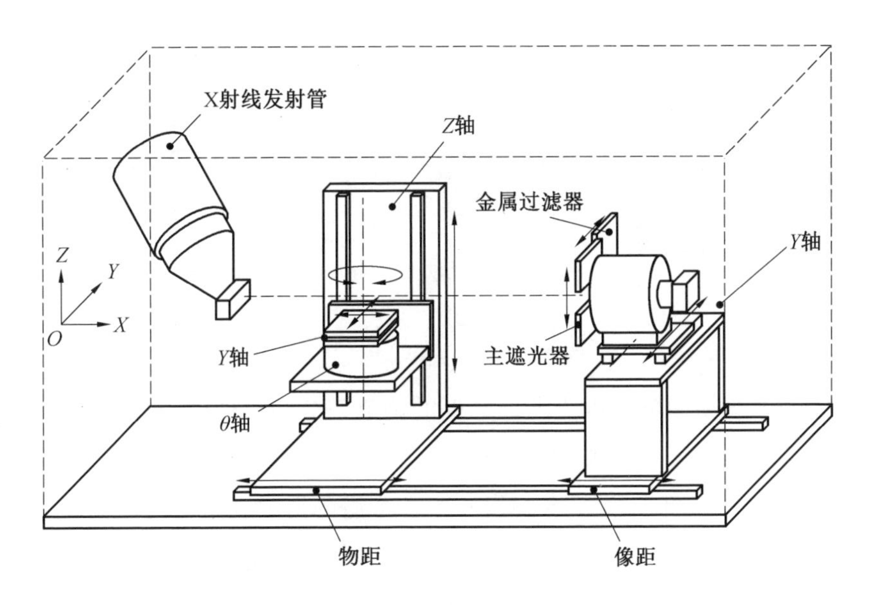

图2.6　CT装置内部结构简图

的生成消耗了高压反应釜中的甲烷,使得反应釜内的压力降低。最终高压反应釜内的压力稳定在5.6 MPa。等温度和压力均稳定后,说明水合物生成并稳定,此时利用CT对生成的水合物岩心进行可视化扫描。该实验中CT装置的参数设置:物距SOD(用来调整焦点和样品之间的距离,可以放大或缩小成像视野区域)为65.5 mm,像距SID(用来调整焦点和探测器之间的距离)为800 mm,分辨率为0.025 mm,扫描视野FOV(XY)为12.8 mm^2,FOV(Z)为11.5 mm。

2.3　图像处理

图像处理是清晰观测水合物生成形态的重要环节。通过剪切、过滤和阈值分割等方法对获得的CT图像进行预处理(图2.7),可以增加水合物岩心中各个组分的灰度值。具体方法如下:

(1) 调节亮度和对比度,并剪切出建立数字岩心的新区域。

在实验中得到的岩心图像通常不是很理想,或者较暗,或者较亮,或者是像高压反应釜釜壁等的无效部分。这时通过调节图像亮度来改变效果是合理且不

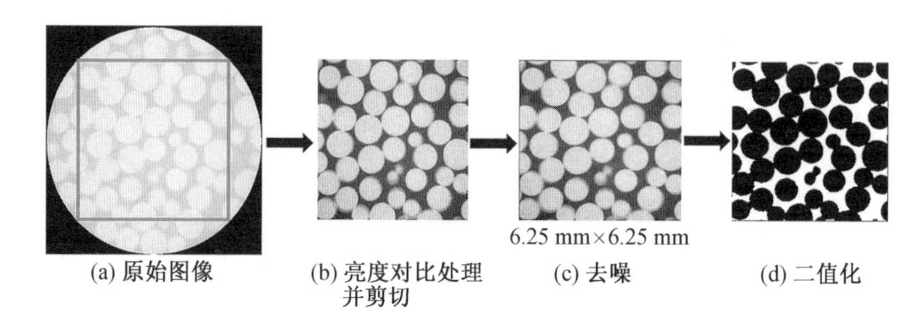

图 2.7　CT 图像预处理过程

会影响最终成像效果的。因为图像亮度的调节是一种点处理，只是在图像各像素点上的灰度数值上同时加减一个常数。若获得的岩心图像对比度不够，则需要对其进行对比度调节，使水合物岩心中各个组分形成强烈对比以便观察。之后裁剪出所需矩形区域，并消除 CT 扫描过程中带来的图像虚像影响，得到可用于后续渗流研究的岩心区域。值得注意的是，此处利用 ImageJ 图像处理软件处理的是岩心各个片层的图像，而非三维图像。

由于填砂颗粒、水合物和水的混合物及气体的密度差异较大，因此在该步骤中仅利用 ImageJ 进行亮度、对比度调节简单处理，就可以将填砂颗粒、水合物和水的混合物及气体识别区分开。

(2) 过滤去噪。

在成像过程中会不可避免地引入一些噪声，需要通过过滤的方式对其进行消除。此处采用的是中值滤波方法：利用周围像素灰度的中值取代中央像素灰度值，该方法既可保留对比度，又可消除噪声。周围像素的数量也可进行调节，即 3×3×3、5×5×5。本章使用 VG Studio Max 专业图像分析软件来完成过滤去噪处理环节。

由于水合物和水的密度十分相近，仅靠步骤(1)的处理是无法识别的，因此需要利用 VG Studio Max 专业图像分析软件来进行分离，识别水合物和水。经过步骤(2)，水合物沉积层中，填砂颗粒、水合物、水和气体四相组分均已被区分开。其图像处理原理：由于甲烷水合物与水的密度十分相近，经过图像处理之后的图像灰度分布图只有三个波峰，需要进一步利用高斯转化公式将三个波峰拆分成四个波峰，并在四个波峰之间的三个波谷处划分，得到四段灰度值区间，即

对应着甲烷水合物沉积层中的四相组分。

(3) 阈值分割并进行二值化处理。

在后续的研究中需要将岩心灰度片层图像进行二值化处理，将灰度图像转化为只有黑白两色的二值图。其中灰度图像中灰度值高于预设阈值的区域将被划为白色部分（此时像素灰度值显示为255），而灰度图像中灰度值低于预设阈值的区域将被划为黑色部分（此时像素灰度值显示为0）。最后进行二值化处理，使得灰度直方图数据矩阵中只有孔隙（黑、0）和骨架（白、1）两种体素。

此处为了后续的模拟研究，将水合物作为骨架结构的一部分，与填砂颗粒同样被处理为“1”。

(4) 岩心重建。

将阈值分割后的水合物岩心图像片层进行堆叠，就可得到重建的三维的水合物岩心，并得到一个三维矩阵文件用于之后的模拟计算。

图2.8所示为三维水合物数字岩心图像处理过程。

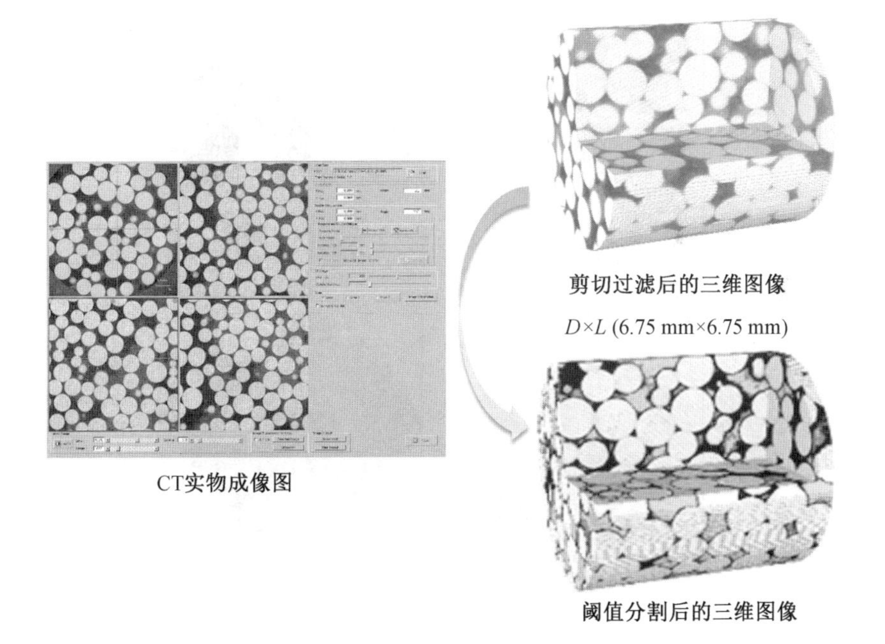

图2.8　三维水合物数字岩心图像处理过程

2.4　水合物赋存规律

沉积层中水合物的成核位置与赋存形式(水合物与砂石之间的分布关系)很大程度上会改变水合物沉积层的孔隙结构,使得孔隙空间内部流体流动通道发生改变,进而对水合物沉积物中的渗流特性造成严重影响。针对水合物赋存形式的研究从两个角度展开:从冻土层和海岸钻井得到的天然气水合物岩心样品及实验室中按照水合物存在的自然条件模拟生成的水合物岩心样品。

1. 水合物赋存形式

目前孔隙级别研究中,沉积层中水合物可分为悬浮型(pore filling)、支撑型(grain supporting)、包裹型(grain coating)和黏结型(cementing)四种赋存形式,如图2.9所示。

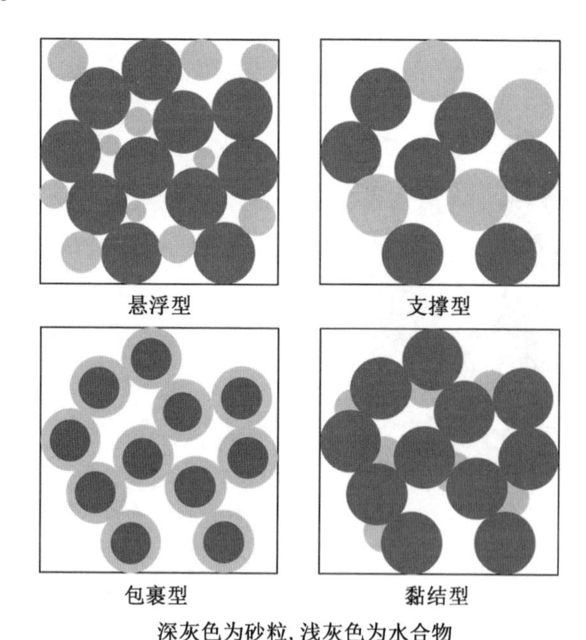

图2.9　沉积层中水合物赋存形式

① 悬浮型赋存形式。水合物在孔隙空间中心成核,水合物与组成沉积层砂

石没有接触,即为悬浮型赋存形式。

② 支撑型赋存形式。水合物在孔隙空间中心成核,随着水合物生长达到一定程度使得其与沉积层产生接触,对沉积层起到支撑作用,即为支撑型赋存形式。

③ 包裹型赋存形式。水合物在沉积层的颗粒表面成核并且包裹着整个颗粒,即为包裹型赋存形式。

④ 黏结型赋存形式。水合物在组成沉积层的颗粒表面成核,随着水合物生长连接了相邻的沉积层砂石,即为黏结型赋存形式。

水合物的分布不同使得水合物沉积层内部渗透率变化也有所不同。就目前研究发现,相对于水合物在颗粒表面生成,当水合物在孔隙空间中心生成时对含水合物多孔介质内部的渗透率影响更大。水合物不同的存在形态控制着水合物的结构,会影响由结构变化诱发的水合物基础物性,如孔隙度、渗透率、机械强度等。这些基础物性均是影响天然气水合物开采勘探的重要因素,因此急需对水合物赋存形式加深研究。

近年来,微观可视化技术的发展推进了水合物赋存形式及沉积层结构特征相关研究的进程。由于 CT 技术可以进行尺度跨域范围较大的测量,因此非常适合观察沉积层 - 水合物之间的相互作用,目前已经广泛应用于沉积层中水合物及纯水合物的观察。AIST 在水合物沉积层结构的研究中,利用 CT 技术首次获取了稳态条件下天然气水合物沉积层三维结构,并在不破坏水合物岩心的情况下,准确测得其孔隙度及水合物饱和度。Uchida 等利用 CT 技术观察天然气水合物样品中的水合物分解。Kerkar 等利用同步辐射 CT 技术对水合物沉积层骨架结构进行原位观测,获取水合物空间分布、饱和度等结构特征,研究表明甲烷水合物和四氢呋喃水合物均既不覆盖砂石表面,也不连接相邻砂石,而是在孔隙中间生成,即孔隙填充型水合物。Gupta 和 Kneafsey 等利用 CT 技术观察实验室沉积层中水合物和纯水合物中的水合物分布。Gupta 和 Kneafsey 等均观察到孔隙空间中固体水合物相的形成导致毛细管力变化而引起的水相浸入会影响水合物的分布。由于含水合物沉积物的许多物理特性,如热导率、渗透率及声波速率均与孔隙空间中水合物饱和度及水合物分布有关,因此形成水合物的结构对实验结果的影响十分严重。Kuhs 等采用高精度的同步加速辐射 CT 设备观测到氙气水合物在气、水界面处成核,并向富集气的水中生长;分解过程中,水合物微观结构呈现悬浮支撑型赋存形式,水合物在沉积层间隙形成楔形团簇;不论生成还是分解,水合物与砂石之间始终存在薄薄的水层。

作者利用 CT 可视化技术及日本生产的玻璃砂研究不同水合物饱和度下甲烷水合物的赋存形式,发现在水合物岩心中,水合物分布是非均匀的,而且横截面显示孔隙空间中水合物的大小和形状也是随机的。另外,由于水合物成核过程也是随机的,所以水合物形成的位置也是随机的,但水合物生成的位置主要集中在气体和水相的界面处,因为该处有富集的水和气,符合水合物的生成条件。水合物的赋存形式更倾向于聚集在孔隙中间,而不是黏附在孔隙壁上。在玻璃砂和水合物之间始终有一薄薄的水层,这个现象与冰在沉积层中的生长情况十分相似,趋向于悬浮型赋存形式。随后作者利用 CT 技术研究在气过饱和条件下氪气气体水合物空间赋存形式,发现随着沉积层中水合物生成,水合物在孔隙中的空间分布具有时变性,即在气过饱和的条件下气体水合物最初生成为包裹型,随着水合物的生长转变为黏结型,且伴有块状水合物出现;即使在同一岩心中,也存在多种水合物赋存形式共存的现象,详细情况会在第 6 章介绍。

宋永臣课题组利用磁共振成像(MRI)观察沉积层内部的 THF 水合物实时图像。发现当 THF 溶液与水以质量比 19∶81 混合完全生成 THF 水合物时,水合物是在组成沉积层颗粒接触部分成核,附着在两个颗粒之间,逐渐生长占据孔隙空间,此时水合物的赋存形式为黏结型。当 THF 溶液摩尔分数降低为 11.4% 时,水合物与部分组成沉积层颗粒之间有水层出现,一部分水合物赋存形式为悬浮型,另一部分水合物赋存形式为黏结型,是个过渡过程。当 THF 溶液摩尔分数降低至5.7%,水合物开始随机地在孔隙空间中央区域生成,并与颗粒之间存在自由水层,此时,THF 水合物赋存形式则为悬浮型。与此同时,还对二氧化碳水合物的生长方式进行了观察研究:由于气体与水不能像 THF 与水那样可以充分融合,只有在气、水界面处才具有水合物生成的必要条件,因此二氧化碳水合物随机地

在孔隙空间中成核,并在孔隙中沿着气水界面生长。此处沉积层中二氧化碳水合物赋存形式为悬浮型。气体水合物的赋存形式与本节研究结果相同。

Kleinberg 等测量甲烷水合物饱和度的核磁共振(NMR)弛豫时间时发现,水合物形成过程中,在最大的孔隙空间内,水合物倾向于代替水。由 NMR 决定的水相相对渗透率显著下降。该下降的量级也表明水合物在孔隙空间的中心部分生成,而非水合物包裹颗粒。本书研究得到的水合物在沉积层中的生长方式与 Kleinberg 的 NMR 分析结果相似,当然目前也有很多研究结果表明,水合物在其饱和度小于 40% 的范围内赋存形式趋向于悬浮型。

第3章 基于孔隙网络模型的渗流模拟

本章将详细介绍基于水合物岩心CT图像提取拓扑等价的孔隙网络模型，以及孔隙网络模型中典型的结构参数，随后提出利用孔隙网络模型模拟研究水合物岩心储层内气水渗流特性的思路，并验证了该方法的准确性。

水合物沉积层骨架结构特征是影响和控制沉积层渗流特性与气、水多相渗流变化的首要因素。孔隙网络模型具有表征水合物沉积层骨架结构的能力，能够准确获取水合物数字岩心孔隙结构特征参数，并将水合物沉积层结构参数化，研究计算其内部渗流特性变化规律。该模型对在微观尺度上研究水合物沉积层的流动问题具有重要意义。因此，本章针对孔隙网络模型概念、提取方法、各参数定义及渗流计算等问题进行全面的研究，并对利用孔隙网络模型进行气水渗流计算的可行性和准确性进行了验证。

3.1　孔隙网络模型基本思路

在微观尺度中，数字岩心可以提供岩心内部结构的精确分布，以其为基础，构建一种既可以反映真实岩心孔隙内部分布特性，又能够实现流体在其中流动特征的孔隙网络模型具有十分重要的理论和实际意义。目前孔隙网络模型包括：规则拓扑孔隙网络模型（指构成孔隙网络模型的孔隙、喉道在平面或者空间中排列分布得十分整齐）和真实拓扑孔隙网络模型（以实验获取的数字岩心数据为基础，空间拓扑结构与真实岩心的拓扑结构相吻合）。

1. 建立孔隙网络模型的四种方法

可以通过以下四种方法建立与真实岩心等价拓扑的孔隙网络模型：

(1) 多向扫描法。

Zhao 等于 1994 年提出该方法，通过对孔隙空间进行多方向片层扫描来搜索孔隙和喉道。该方法可以定位喉道，但准确探测孔隙相对较难。

（2）居中轴线法。

该方法以中轴线为基础，对整个孔隙空间进行分割简化。该方法不能保存孔隙空间特征，但可准确得到拓扑结构。

（3）多面体法。

该方法以过程模拟方法建模，具有实用性，但不适用于普遍数字岩心。

（4）最大球体法。

Silin 等于 2003 年提出；Blunt 等于 2007 年实现对该方法的进一步发展；Dong 于 2007 年对该建模方法进行完善，建立树状结构，明确了孔隙网络模型内部的孔隙、喉道的连通关系，提高了建模速度。

由于最大球体法相对成熟，得到的孔隙网络模型连通关系更加清晰，具有计算速度较高等优势，本章选取该方法进行微观角度水合物沉积层中渗流特性的研究。

2. 孔隙网络模型的基本思路

建立孔隙网络模型的基本思路：在含水合物多孔介质中，空间较大且角隅较少的孔隙对在其中流动的流体的阻碍影响很小；而空间较小并且角隅较多的孔隙对流体流动有很大的阻力，影响流体流动的连续性。将多孔介质中孔隙空间近似为“大孔隙连接细喉道再连接大孔隙”结构，进而将大孔隙简化为球体，将细喉道简化为细杆。于是，多孔介质中的孔隙空间就被简化为一系列的球杆模型，即孔隙网络模型。

建立孔隙网络模型是为了在微观尺度上更深入地分析探讨多孔介质中的渗流特性理论。国外，帝国理工学院 Martin Blunt 研究组在该领域的贡献尤为突出：他们利用孔隙网络模型对石油开采过程油藏中亲湿性改变、毛细管力、相对渗透率等进行了研究，并深入分析了油水两相驱替过程。国内最先进行孔隙级别渗流模拟研究的是中国石油大学的姚军教授课题组，他们建立了以数字岩心和孔隙网络模型为基础的孔隙级别的微观渗流理论，进行了油水两相、油气水三相的渗流模拟，形成了油气田开发过程中的微观渗流理论体系。

迄今为止，天然气水合物产气率研究绝大多数是基于宏观渗流理论体系，宏

观理论都是以达西方程为基础。因而只能对流体流动进行宏观表征，不能对水合物沉积层在孔隙级别上进行描述。水合物沉积层中很多性质，如渗透率、毛细管力等，都与其微观结构及在其中流动流体的特性十分相关，即微观结构、性质是根本，宏观性质、现象是表象。仅仅通过对宏观现象的观测是无法对其本质进行更深入的分析探讨的。因此，从微观角度深入研究水合物沉积层的孔隙空间内部结构变化、水合物分布及表面特性等因素对其中流体流动的影响、流体的分布规律及相互作用等本质问题是十分有必要的。

3.2　提取孔隙网络模型

本节详细介绍由重构的三维图像提取孔隙网络的算法，即最大球体法。该方法为团簇算法，利用 Øren 等研究中相同的运算方式获取孔隙和喉道的体积、长度及形状因子，这些孔隙、喉道特征参数可作为输入参数用于孔隙网络模型多相流模拟计算。

3.2.1　最大球体法提取孔隙网络模型

1. 最大球体法

在这个算法中最大球体是定义孔隙空间、探测几何变化和连通性的基本要素。一系列体元素组成一个最大空间，最大球体必须外切于组成多孔介质的颗粒表面，因此每个最大球体独立存在，不可能成为其他最大球体的子集。这些最大球体集合就简练地定义了岩心图像中的空白空间。

Silin 等于 2003 年开始利用最大球体法研究岩石的孔隙空间，最大球体被定义为从孔隙空间的每一个像素开始搜索，其中与多孔介质颗粒表面或者边界界面外切的最大球体。其他部分则被看作包含区域并被去除，这样可以减少描述孔隙空间时的冗余。最大球体被定义为孔隙，孔隙之间较小的球体则被认为是喉道。在 Silin 等的研究中最大球体只用来研究无量纲毛细管力，并没有用来从图像中提取孔隙网络。

Al - Kharusi 和 Blunt 拓展了该方法研究砂岩和盐酸盐样品。同样也是从搜索最大球体开始，Al - Kharusi 和 Blunt 建立了一系列更为复杂的标准来判定最大球体等级。在 Silin 的研究中，只定义了两个关系概念，即控制和被控制。Al - Kharusi 和 Blunt 增加了一个新的关系概念 —— 团簇，即调节同尺寸大小相邻的最大球体。此时孔隙网络可用于单相或多相的模拟，可计算绝对渗透率。但是，此研究需要大量的内存，因此仅限于计算包含少于 1 000 个孔隙相对较小的系统。除此之外，该方法倾向于形成较高配位数的孔隙。

Dong 在博士学位论文里详细介绍了对最大球体法的再次完善，建立了一个更为有效的算法，与 Silin、Al - Kharusi 和 Blunt 提出方法的不同之处在于以下几点。

(1) 构建最大球体的方法。

建立一个两步搜索法，找到最近空白处和实体处的界面，定义为球体，而不是在一个像素处膨胀的数字球体。

(2) 最大球体的等级安排。

在原有控制、被控制及团簇几个概念上，又添加新的定义孔隙、喉道的概念，即团簇过程，将最大球体按照尺寸和排列归纳为族谱树。

2. 最大球体法提取孔隙网络模型的过程

在连续的几何图像描述中，一个球体以 C 定义其中心，R 定义其半径。但在离散的图像中就很难定义一个具有确切半径但又由独立体元素组成的非连续体。为此即利用半径最大值和最小值的范围来代替单一半径，即 $R^2_{\mathrm{LEFT}} \leqslant R < R^2_{\mathrm{RIGHT}}$。$R^2_{\mathrm{RIGHT}}$ 为体元素中心 $C(x_c, y_c, z_c)$ 到最近颗粒体元素 $V_g(x_g, y_g, z_g)$ 的距离的平方，即

$$R^2_{\mathrm{RIGHT}} = \mathrm{dist}^2(C, V_g) = (x_g - x_c)^2 + (y_g - y_c)^2 + (z_g - z_c)^2, \quad C \in S, V_g \in S_g \tag{3.1}$$

式中　S—— 孔隙体元素；

S_g—— 固体体元素。

R^2_{LEFT} 为在半径为 R_{RIGHT} 的球体内，孔隙体元素 $V(x, y, z)$ 到中心的距离的平

方，即

$$R_{\mathrm{LEFT}}^2 = \max\{\mathrm{dist}^2(V,C) \mid \mathrm{dist}^2(V,C) < R_{\mathrm{RIGHT}}^2, V \in S, C \in S\} \quad (3.2)$$

大多数情况下，R_{LEFT}^2 和 R_{RIGHT}^2 的大小不会超过两个体元素长度的平方，但该差值在小球体中很重要。根据定义，R_{LEFT}^2 和 R_{RIGHT}^2 的大小只能是三个数的平方和。为了更清楚地了解 R_{LEFT}^2 和 R_{RIGHT}^2 的的大小取定，以图3.1为例进行说明：图3.1(a)中标注的体元素为距离中心体元素最远的孔隙体元素，$R_{\mathrm{LEFT}}^2 = 1^2 + 1^2 + 2^2 = 6$；图3.1(b)中标注的体元素为距离中心体元素最近的固体体元素，$R_{\mathrm{RIGHT}}^2 = 0^2 + 2^2 + 2^2 = 8$。

在得到对应的最大球体之后，会有一些最大球体完全被包含在其他球体中。这些被包含的球体不具有更多的可用于决定孔隙空间的信息，避免计算时的冗余，需要将内含球体去除。具体操作：假设 C_A、C_B 分别为半径为 R_A、R_B 的球A、球B的中心，若两个球心的距离 $\mathrm{dist}(C_A, C_B) \leqslant | R_{\mathrm{RIGHT\_A}} - R_{\mathrm{RIGHT\_B}} |$，球B被包含在球A中，就可以去除球B及其相应的信息。

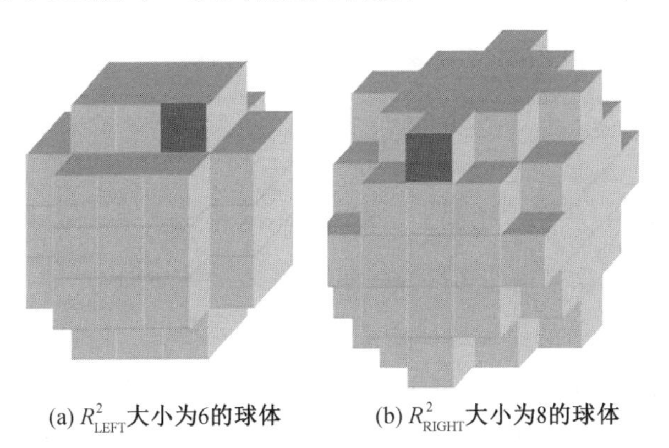

(a) R_{LEFT}^2大小为6的球体　　(b) R_{RIGHT}^2大小为8的球体

图3.1　最大球体半径取值示意图

通过以上方法得到个体最大球体，在孔隙空间内流体流动就需要将获取的最大球体之间连通起来。因为最大球体不仅充满了整个孔隙空间，还存在于孔隙中心和十分不规则的角隅空间。这时就提出了团簇概念。

(1) 单团簇。

一个主要的最大球体吸收其直接相邻的粒径较小的最大球体，即形成单团簇,如图 3.2 所示。首先假设一个半径是主要最大球体半径两倍的球体,搜索附近小半径的最大球体;然后选择每个与主要最大球体重叠或者是相切的最大球体,若其半径比主要最大球体小,就将其添加到以主要最大球体为首的团簇中。

(2) 多团簇。

在单团簇的基础上,延伸出多团簇的概念。任何主要的最大球体(母)的下级(子)均可吸收它们附近半径较小的最大球体,依此类推。于是多团簇就由引入的更新一代的子最大球体组成。

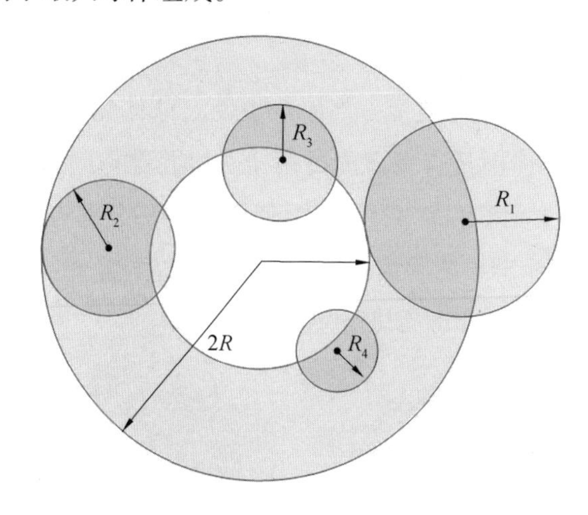

图 3.2　单个团簇形成示意图

采用族谱的概念来描述多团簇的形成,具体步骤如下:

① 将得到的众多的最大球体全部按半径大小排列,并按半径大小分组,最大球体半径相同的划分为一组。假设半径最大的一组中最大球体数为 N。

② 将半径最大的最大球体 A 定义为祖先,A 附近(其半径二倍)比 A 小或者等于 M 球的最大球体则被定义为 A 的子代,称之为子一代,会被 A 吸收。利用族谱的概念,半径最大的最大球体 A 为曾祖,子一代为祖父。子代均保留自己父代的一些信息,这些信息有利于子代的下一代对孔隙和喉道的划分。

③ 将第一组剩下的 $N-1$ 个最大球体重新排列,操作方式与父代子代关系定义相同。若在相同的操作过程中发现其中一个最大球体 B 同时吸收了含有两个家族父子关系的子代最大球体,则这个共同最大球体被定义为喉道。作为喉道

的最大球体同时具有两个原始祖先最大球体的信息，并在两个祖先最大球体形成的两个多团簇中形成连接链，即孔喉链，如图3.3所示。

④将第一组剩下的最大球体按照以上的步骤进行处理。

⑤将所有组内的最大球体按照步骤①～④进行处理，直到得到半径最小的最大球体。

完成步骤①～⑤的处理，就得到了由所有最大球体提供的相互连接的孔喉链，并含有其孔隙、喉道的相关信息。

形成多团簇之后，贯穿整个孔隙空间的孔喉链就被视为已绑定的骨架结构而建立起孔隙网络模型。但通常情况下都会出现一个孔喉链中含有多个通道链的问题。根据这些通道链，将孔隙空间划分为孔隙和喉道。无论孔隙还是喉道，需要保证的就是空间的连通性。在一个祖先最大球体大小已知的孔喉链中，假设一个初始边界，即若通道链中最大球体大小大于初始边界乘以祖先最大球体半径大小，则该最大球体为孔隙；若小于初始边界乘以祖先最小球体半径，则该最大球体为喉道。这里该初始值为0.7。值得注意的是，该划分孔、喉道的方法并不会改变每个孔隙的配位数。该方法的优点就是每个最大球体都很容易找到附属的孔喉链，而且又不破坏父代子代关系；但是通常会出现喉道长度被低估，而孔隙大小被高估的情况，因此需要修正喉道长度。

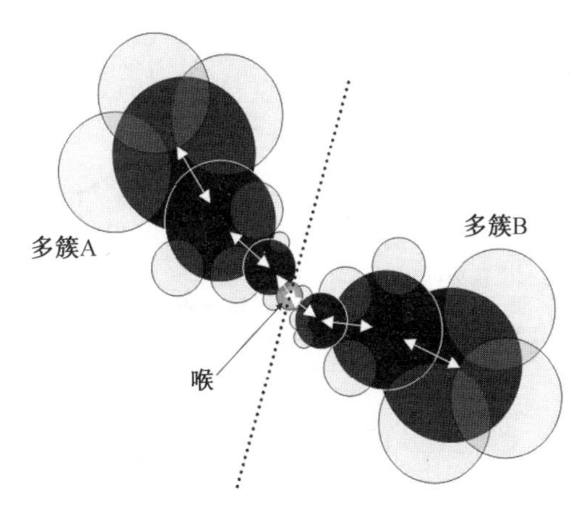

图3.3　孔喉链示意图（黑色球构成孔喉链，灰色球被吸收）

3.2.2 孔隙网络模型中各参数定义及意义

(1) 孔隙和喉道尺寸。

通过式(3.3) ~ (3.5) 来修正喉道的长度,如图 3.4 所示。

喉道长度 l_t 被定义为总的喉道长度 l_{ij}(孔隙 i 和 j 的中心距离) 减去两个孔隙长度(l_i 和 l_j),即

$$l_t = l_{ij} - l_i - l_j \tag{3.3}$$

孔隙长度 l_i、l_j 为

$$l_i = l_i^t\left(1 - 0.6\frac{r_t}{r_i}\right) \tag{3.4}$$

$$l_j = l_j^t\left(1 - 0.6\frac{r_t}{r_j}\right) \tag{3.5}$$

式中 r_i、r_j、r_t—— 分别为孔隙 i、j 和喉道的半径;

l_i^t,l_j^t—— 分别为孔隙 i 中心、孔隙 j 中心到喉道中心的距离。

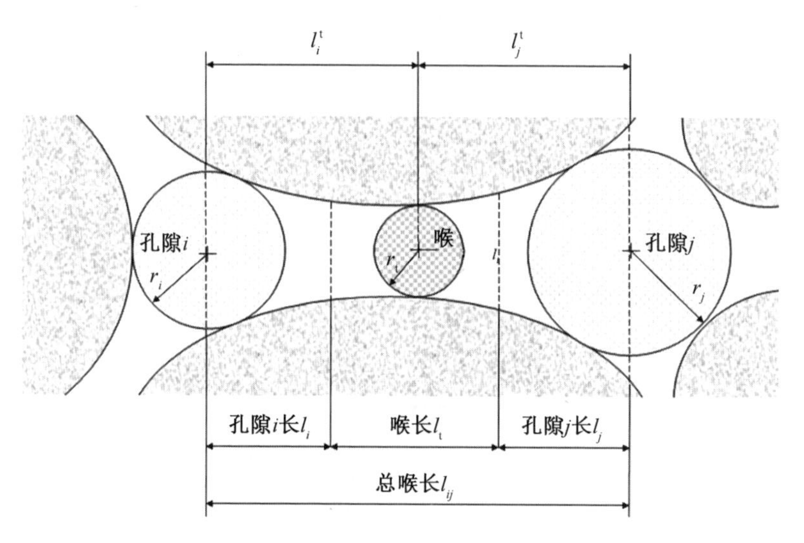

图 3.4 孔隙、喉道长度修正示意图

一个孔隙的大小由最大球体法祖先的内切半径决定。喉道半径是两个孔隙之间连接的最大球体的内切半径。

(2) 孔隙和喉道体积。

孔隙和喉道体积是由孔隙、喉道相对应的体元素数量决定的。

(3) 配位数。

配位数为与孔隙相连接的喉道的数目,是表征孔隙、喉道连通程度的参数,配位数越小表示用于流体流动的通道越少,连通性越差。

(4) 孔喉比。

孔喉比为孔隙半径和与之相连接的喉道半径的比值,是表征孔隙与喉道交替变化特征的参数,值越大,越不利于产气。

(5) 形状因子。

将孔隙和喉道简化为一系列的柱型毛细管,忽略其复杂、不规则的几何轮廓,其横截面为任意但固定不变的形状,其无量纲形状因子为 G,即

$$G = \frac{VL}{A_S^2} \tag{3.6}$$

式中　A_S—— 孔隙或者喉道区的表面积,通过其表面的体元素来计算;

V—— 区域体积;

L—— 区域长度。

也可等价为

$$G = \frac{A}{P^2} \tag{3.7}$$

式中　A—— 柱型毛细管横截面;

P—— 柱型毛细管周长。

形状因子是表征孔隙和喉道规则程度的参数,形状因子越小说明形状越不规则。

(6) 传导率。

传导率 g 表征流体在毛细管中流动的难易程度,其定义为:单位压力梯度下,流体在某一形状的毛细管内流动时的体积流量。因此传导率与形状因子有关。值得注意的是,传导率与渗透率的区别在于,渗透率表征的是流体在多孔介质中流动的能力。

3.2.3　孔隙网络提取流程小结

(1) 读取体元素信息图像,0 为孔隙体,1 为固体。

(2) 在每个孔隙体处建立内切球体。

(3) 去除最大球体中被包含的最大球体。

(4) 将获取的最大球体按大小分类,并合成团簇孔隙链。

(5) 根据孔隙链将孔隙空间分为孔隙和喉道。

(6) 计算每个孔隙和喉道的参数(大小、体积、长度、形状因子)。

(7) 输出含有孔隙网络信息的文件。

3.3　基于孔隙网络模型的两相流流动模拟和计算

在计算流体在孔隙网络模型中各个参数之前,详细了解流体流动过程是十分必要的。以图 3.5 为例,流体从入口处的孔隙开始浸入。在流动过程中,始终保持出口处压力不变,并逐渐加大入口处流体压力。压力每次增加,都应首先计算与入口处孔隙相连的喉道 $r_1 \sim r_4$ 的毛细管入口压力(阀压),并按大小进行排序。排序后,就用增加后的孔隙处压力和与该孔隙相连的所有喉道的阀压进行比较,当流体压力最先大于某一喉道的阀压时,流体立即通过该喉道进入相连的下一个孔隙中。如图 3.5 所示,当入口孔隙中流体压力大于喉道 r_2 的阀压时,由于与入口孔隙相连的喉道 $r_1 \sim r_4$ 中 r_2 阀压最小,于是流体最先通过 r_2 进入孔隙 r_{p2}。由此可见,入口毛细管力越小的喉道越容易被浸入。当流体进入孔隙 r_{p2},再计算与孔隙 r_{p2} 直接相连的所有喉道的阀压并进行排序,利用同样的方式选择浸入下一个孔隙。依此类推,直到所有阀压均小于此压力的孔隙和喉道都被浸入为止。接下来再次增加压力,重复前面的过程,当不再有孔隙、喉道被浸入时,整个孔隙网络模型达到平衡,对应的模型出入口之间的压力差即为整个模型的毛细管力。

利用孔隙网络模型不但可以表征真实岩心的孔隙空间结构,还可以计算真

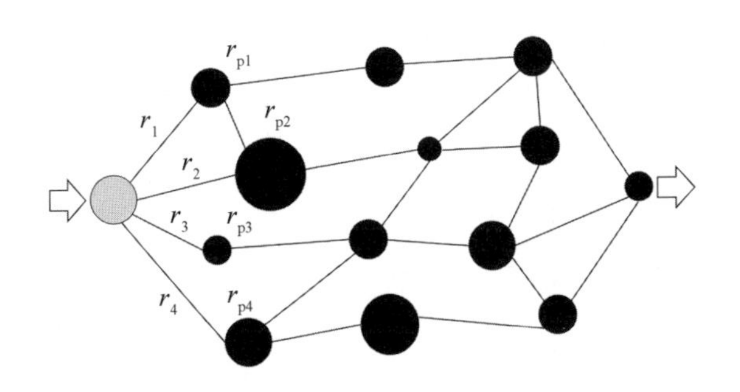

图3.5　孔隙网络中流体流动过程

实岩心内部流体流动的各种性质，如流体饱和度变化、渗透率变化、毛细管力变化等。

3.3.1　饱和度的计算

由于孔隙网络模型是用连通的孔隙和喉道来表征的孔隙空间，计算出每个孔隙、喉道中的气水含量，就可以获得整个模型中的水饱和度，水饱和度 S_w 为

$$S_w = \frac{\sum_{i=1}^{n} V_{iw}}{\sum_{i=1}^{n} V_i} \tag{3.8}$$

式中　n——孔隙网络模型中所有孔隙、喉道的总数；

V_i——第 i 个孔隙（或喉道）的体积，m^3；

V_{iw}——第 i 个孔隙（或喉道）中水所占的体积，m^3。

3.3.2　渗透率的计算

基于达西定律，利用单一流体对孔隙网络模型内部孔隙喉道进行饱和，得到绝对渗透率为

$$k = \frac{\mu_i q_{tsi} L}{A(p_{in} - p_{out})} \tag{3.9}$$

式中　q_{tsi}——i相流体将模型完全饱和时，两端压差下的总流量，cm^3/s；

μ_i——i相流体的黏度，MPa · s；

k—— 绝对渗透率,μm^2;

A—— 模型横截面面积,cm^2;

L—— 模型长度,cm;

p_{in}—— 进口压力,MPa;

p_{out}—— 出口压力,MPa。

当孔隙网络模型被两种流体占据时,每一相流体能够占据的空间都会比只有一相流体时占据的少,渗透率也会随之改变。计算相对渗透率时,采用多相时每一相的流量与单相时流量之比为

$$k_{rp} = \frac{q_{tmi}}{q_{tsi}} \tag{3.10}$$

式中 q_{tmi}——i 相在多相流体存在时的总流量,cm^3/s;

q_{tsi}——i 相在单相流体存在时的总流量,cm^3/s。

该模型中流体均假设为不可压缩,每个孔隙通过与之相连的孔隙、喉道流入、流出的量应该守恒,即通过相连的孔隙、喉道流进流出的总量为零,即

$$\sum_k q_{i,jk} = 0 \tag{3.11}$$

式中 $q_{i,jk}$—— 对于第 j 个孔隙,i 相流体在与之相邻第 k 个孔隙间的流量,cm^3/s。

任意两个相邻的孔隙 j 和 k 之间的流量为

$$q_{i,jk} = \frac{g_{i,jk}}{L_{jk}}(p_{i,j} - p_{i,k}) \tag{3.12}$$

式中 $g_{i,jk}$——i 相流体在 j 和 k 孔隙间流动时的传导率,$cm^4/(mPa \cdot s)$;

L_{jk}——j 和 k 两个孔隙中心之间的距离,cm;

$p_{i,j}$——i 相流体时第 j 个孔隙处的压力,MPa;

$p_{i,k}$——i 相流体时第 k 个孔隙处的压力,MPa。

两孔隙之间的传导率 $g_{i,jk}$ 是图 3.6 所示的各个部分传导率的调和平均数,即

$$g_{i,jk} = \frac{L_{jk}}{\frac{L_j}{g_{i,j}} + \frac{L_t}{g_{i,t}} + \frac{L_k}{g_{i,k}}} \tag{3.13}$$

式中　L_j——第 j 个孔隙的长度，cm；

L_t——连接 j 和 k 两孔隙的喉道长度，cm；

L_k——第 k 个孔隙的长度，cm；

$g_{i,j}$——第 j 个孔隙的传导率，$cm^4/(mPa \cdot s)$；

$g_{i,t}$——j 和 k 两孔隙间的喉道的传导率，$cm^4/(mPa \cdot s)$；

$g_{i,k}$——第 k 个孔隙的传导率，$cm^4/(mPa \cdot s)$。

利用式(3.11)和式(3.12)可得到孔隙网络模型中每个孔隙中的压力，之后可求出孔隙之间的流量。求得出口面所有孔隙的流量之和为整个模型的总流量。再利用式(3.9)和式(3.10)获取绝对渗透率和相对渗透率。

在研究岩心内部流体流动时，逐渐增加孔隙网络模型两端的压力差，计算出每个压力差所对应的饱和度，再计算各相流量，便可得到各相的相对渗透率。再由饱和度及相对渗透率计算得到相对渗透率曲线。

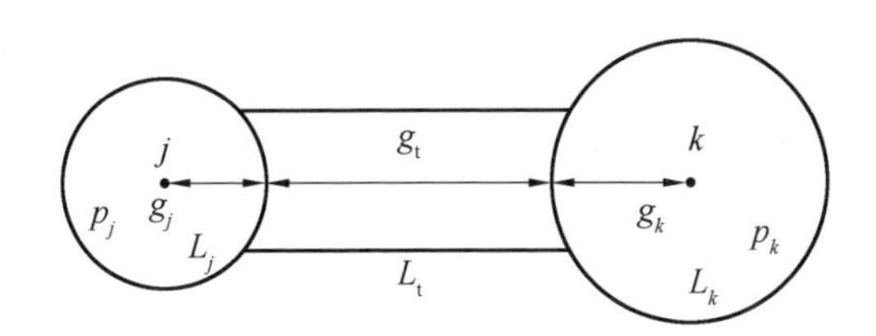

图 3.6　孔隙体 j 和 k 之间的传导率

3.3.3　毛细管力的计算

毛细管力计算公式为

$$p_c = p_{1i} - p_2 \tag{3.14}$$

式中　p_{1i}——第 i 步网络模型入口处的压力，MPa；

p_2——网络模型出口处的压力，MPa。

之前描述过流体在孔隙网络模型中的流动过程，是保持出口压力不变，逐渐增加入口压力，由式(3.14)可以得到第 i 步的毛细管力。再结合式(3.8)求得的水饱和度，便可得到毛细管力曲线。

3.4　孔隙网络模型应用于气水流动模拟中的验证

孔隙网络模型的优势在于可以定量地给出每个孔隙、喉道内部流体的分布和流动变化，得到相关的变化关系，以及对应的曲线，这些曲线对于研究多孔介质内的渗流机理具有重大的意义。因此，本节采用孔隙网络模型来分析研究水合物沉积层中，气水两相的流动情况及相关渗流特性。为了验证该孔隙网络模型的可行性和准确性，将由该模型模拟计算出的结果分别与文献和实验数据进行对比。

本节利用贝雷岩心和玻璃砂岩心两种样品对气水两相流动情况进行验证。表3.1为贝雷岩心模拟工况及样品特性参数。这里的贝雷岩心样品的孔隙度为18.2%。利用公式 $C_a = \mu u/\sigma$ 及表3.1提供的参数，可求得盐水黏度 μ 值，二氧化碳的黏度可根据温度、压力得到，通过温度、压力也可以得到气水两相的密度。在利用孔隙网络模型模拟计算气水渗流时，需要的基础参数有气水两相密度、黏度及两相之间的界面张力。上述参数全部计算出来后，可以进行下一步模拟计算分析。

图3.7(a)为从贝雷岩心提取的孔隙网络模型，用来模拟 CO_2 与盐水组成的两相流体流动，岩心样品的大小为0.253 9 mm×0.253 9 mm×0.253 9 mm，其中球体为孔隙空间中等价的孔隙，较大的球体则代表此处的孔隙空间较大；杆状体为孔隙空间中等价的喉道，较宽的杆状体则代表此处连接两个孔隙的空间也较大。在稳态条件下实验测得 CO_2/盐水两相流体的相对渗透率值，与盐水实时饱和度结合得到的 CO_2/盐水两相相对渗透率曲线中的各个值，以及基于孔隙网络模型计算得到的 CO_2/盐水两相相对渗透率曲线进行比较。图3.7(b)中实心点代表文献中实验测得的数据，实线代表利用孔隙网络模型模拟出两相流的相对渗透率，通过比较可以看出，两组得到方式不同的数据数值差均在5%之内，两组数据吻合性很好。因此，可认为在此验证过程中，孔隙网络模型适用于该实验的模拟，孔隙网络模型同样适用于气水两相渗流模拟。

表 3.1　贝雷岩心模拟工况及样品特性参数

参数	数值
温度/℃	63
压力/Pa	12.4×10^{6}
孔隙度/%	18.2
界面张力 $\sigma/(\mathrm{mN\cdot m^{-1}})$	30
流速 $u/(\mathrm{mL\cdot min^{-1}})$	2
毛细管数 C_a	2.5×10^{-5}

在另一组数据验证过程中，采用粒径大小为 2 mm 的玻璃砂进行填砂实验测量 CO_2 与盐水的渗流特性。实验中利用 NaCl 溶液饱和玻璃砂颗粒进行饱和处理，随后注入 CO_2，测得气相、水相的相对渗透率，模拟工况及流体特性参数见表 3.2。图 3.7(c) 为从玻璃砂 BZ02 提取的孔隙网络模型，其中球体为孔隙空间中等价的孔隙，较大的球体则代表此处的孔隙空间较大；杆状体为孔隙空间中等价的喉道，较宽的杆状体则代表此处连接两个孔隙的空间也较大，BZ02 岩心样品的大小为 0.056 mm × 0.056 mm × 0.056 mm。图 3.7(d) 为孔隙网络模型计算得到 CO_2 和盐水的相对渗透率数值与相同工况下实验数据的比较（实心点代表文献中实验测量的数据，实线代表利用孔隙网络模型模拟出的 CO_2 与盐水两相流的相对渗透率），同样得到了数值差在 5% 之内的理想结果。

两组通过实验操作得到的气相和水相流动时的相对渗透率与利用孔隙网络模型模拟获得的数值的比较结果均在 5% 之内。也就是说，原用于油水两液相流动模拟的孔隙网络模型同样适用于气水两相。因此，可以用该模型来计算天然气水合物岩心内部甲烷气体和水流动的渗流特性。

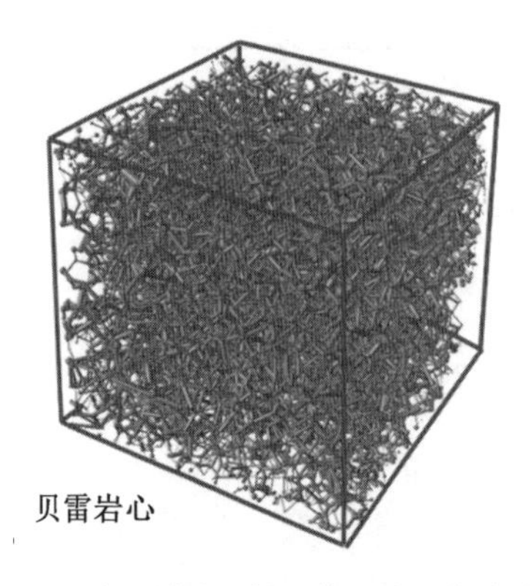

(a) 由贝雷岩心提取的孔隙网络模型

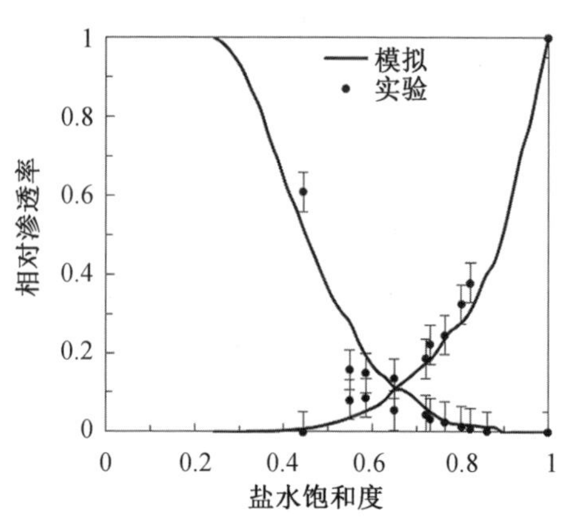

(b) 实验数据与模拟数据对比

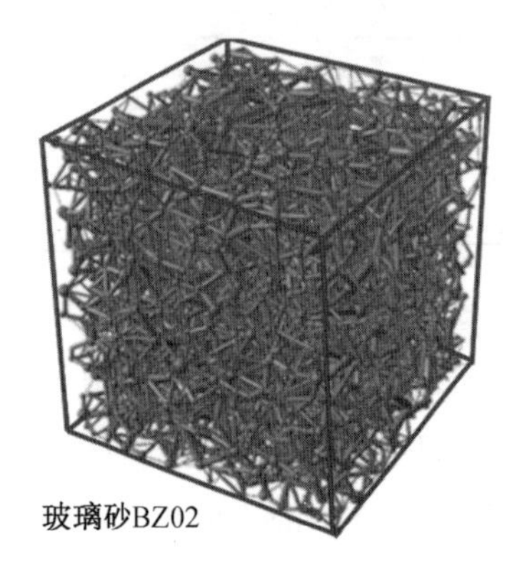

(c) 从玻璃砂BZ02提取的孔隙网络模型

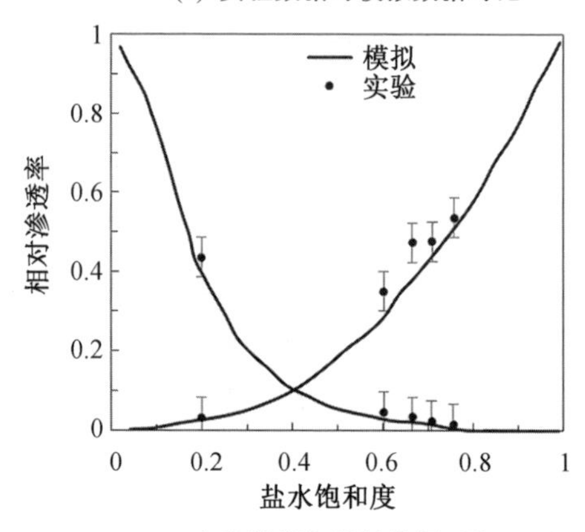

(d) 实验数据与模拟数据对比

图 3.7　孔隙网络模型可行性与准确性验证

表 3.2　模拟工况及流体特性参数

参数	数值
温度/℃	40
压力/Pa	8×10^{6}
界面张力 σ/($mN\cdot m^{-1}$)	34.59×10^{-3}
二氧化碳密度/($kg\cdot m^{-3}$)	277.90

续表3.2

参数	数值
二氧化碳黏度/(Pa·s)	2×10^{-5}
氯化钠浓度/(mol·L^{-1})	0.10
氯化钠黏度/(Pa·s)	6.6×10^{-4}

第 4 章

水合物沉积层结构对渗透率的影响

天然气水合物沉积层骨架结构特征及其时变规律，是影响和控制沉积层渗透特性变化与气、水多相渗流的首要因素，同时也控制着天然气水合物开采过程沉积层的基础稳定性。影响水合物沉积物内部结构变化的因素主要有水合物的生长方式、赋存形式及饱和度等。本章基于与水合物沉积物等价的孔隙网络模型及CT可视化技术，对水合物沉积物骨架结构对水合物沉积物渗流影响规律进行深入分析。

4.1　水合物饱和度对渗透率的影响

在气体开采过程中，水合物沉积层中许多因素，如热物性、流动特性、电磁特性及渗流控制作用等均对水合物藏传热传质系统起到关键作用。在沉积层中水合物的累积不但减少了用于流体流动的孔隙空间，还降低了水合物沉积层的绝对渗透率。另外，沉积层中水合物的具体位置也严重影响渗流率（压力梯度上对流体的阻碍作用）及相对渗透率。从气体开采的角度来看，一个具有较低渗透率但较大的气体水合物藏未必比一个具有较高渗透率但较小的气体水合物藏理想。为了更准确地预测天然气开采及水合物藏的经济效益，详细了解孔隙空间中气体水合物如何影响渗透率及气／水相对渗透率是十分必要的。

目前对含水合物沉积层中渗透率及相对渗透率的测量很少。Jaiswal 测量了两种不填砂样品同水合物饱和度下的相对渗透率。水合物生成之前，砂石已经进行排水得到不同初始水饱和度，并利用气过饱和的方式生成水合物。由岩心内部不稳定流动推断出的相对渗透率被认为不仅包含了对流体流动的阻碍，还有水合物分解时不稳定性的影响（水合物分解的不稳定是由于气水流动、精细砂石运移及低温下岩心局部压缩，在岩心样品的孔隙空间中，上述原因均受水合物分布的严重影响）。结果表明需要大量的不同样品类型并通过不同测量方式得到渗透率数据，作为渗透率模型参数。

4.1.1　水合物岩心内各组分提取

为了研究不同水合物饱和度对水合物沉积层中渗流特性的影响，本小节实验中采用相同的砂石进行填砂,并且所有实验模拟均在相同的工况下完成,各组研究中水合物的饱和度是唯一变量。

首先利用玻璃砂BZ10(1×10^{-3} m,日本AS－ONE公司)在高压反应釜中进行填砂形成沉积层多孔介质,并向高压反应釜中注水注气,在高压低温的条件下生成不同甲烷水合物饱和度的水合物岩心(具体实验步骤及实验工况见2.2节)。待水合物完全生成并稳定后使用CT对不同水合物饱和度的含甲烷水合物样品进行扫描(扫描时CT所设置的参数见2.2节),得到水合物岩心各个片层的CT图像。接下来将各个片层导入ImageJ图像软件中,剪裁得到像素为400×400×400的岩心片层图像,经过图像三维重构得到立体的水合物岩心结构。经过对图像对比度、亮度调节,中值过滤,去噪,阈值分割等处理后得到玻璃砂、甲烷气体、水和甲烷水合物的混合物。由于水和甲烷水合物的密度十分相近,仅在此处无法将这两相组分分辨出来,需要通过VG Studio Max软件来识别。该软件具有良好的通用性和数据处理效率,可以识别几乎所有的文件格式,使用个人计算机即可对大容量(1.5 GB)数据进行处理。该软件还具有良好的可视化效果,通过调节图像的透明度和明暗度,可以生成三维立体图像,直观地观测到岩心内部各组分的分布等信息。

图4.1为VG Studio Max处理之后的水合物岩心($S_h=22.03\%$)的横截面,此时水合物岩心中四相组分均可识别出来。从图4.1中可以看到,在整个水合物岩心中,水合物分布是非均匀的,而且横截面显示,孔隙空间中的水合物无论大小还是形状都是随机的,没有规律性。另外,由于水合物成核过程是随机的,所以水合物形成的位置也是随机的。但鉴于甲烷水合物生成所需的必要条件,即低温高压和充足的甲烷气体和水,因此正如所观察到的一样,孔隙空间周围充满了水相和气相,围绕在水合物周围,水合物生成的位置主要集中在气体和水相的界面处,该处有富集的水和甲烷气体,符合水合物的生成条件。水合物的赋存形式更倾向于聚集在孔隙中间,而不是黏附在孔隙壁上,也没有形成可以对沉积层结构提供支撑的形态,在玻璃砂和水合物之间始终有一层薄薄的水层,这个现象与冰在沉积层中的生长情况十分相似,趋向于悬浮型结构。

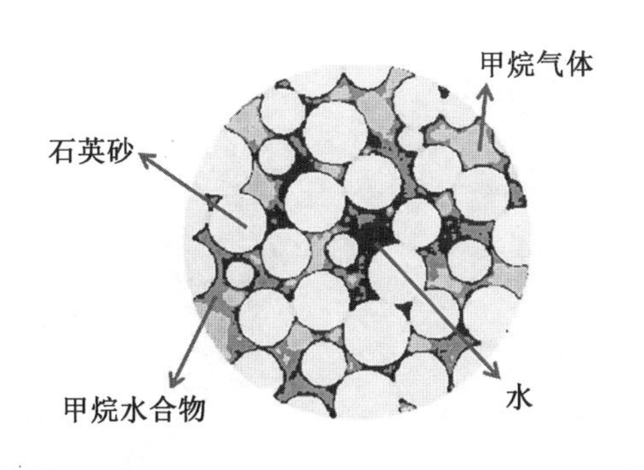

图 4.1　水合物岩心横截面

在实验室中,水合物生成的方式被证实可以影响其赋存形式。直接由水和溶解气体生成的水合物倾向于形成悬浮型水合物,大概是因为较大的孔隙空间中央部分在热力学方面更适合水合物成核。另外,由水和自由气生成的水合物可能会形成包裹型或者黏结型水合物,这是由于在这种情况下,水合物生长倾向于成核在气水界面并向水相生长。在天然气水合物累积过程中,水合物赋存形式不仅受甲烷气体供应的影响,也受饱和度和应力作用的影响,这就可能导致许多相关的实验研究更复杂。例如,冻土层中的水合物有可能由存在的自由气累积转换而产生,但声波数据普遍显示这些水合物倾向于以悬浮型赋存形式存在。因此,关于水合物赋存形式仍未有十分权威的认知,这也使得相对渗透率计算模型的选取比较困难。

为了接下来对水合物沉积层中的渗流特性进行研究,剪裁出 6.57 mm × 6.57 mm × 6.57 mm 大小的水合物岩心样品用于孔隙网络模型三维重构(图 4.2(a));图4.2(b) 为玻璃砂;图 4.2(c) 为生成的甲烷水合物;在后续的研究中,把水合物和玻璃砂统一看成孔隙网络模型中的骨架结构,并且在整个模拟过程中始终保持不变,于是将玻璃砂和甲烷水合物部分从整个三维重构的水合物岩心(图 4.2(a)) 中去除,得到的部分为用于气水流动的孔隙空间(图 4.2(d)),该部分是用来提取孔隙网络模型的重要区域。

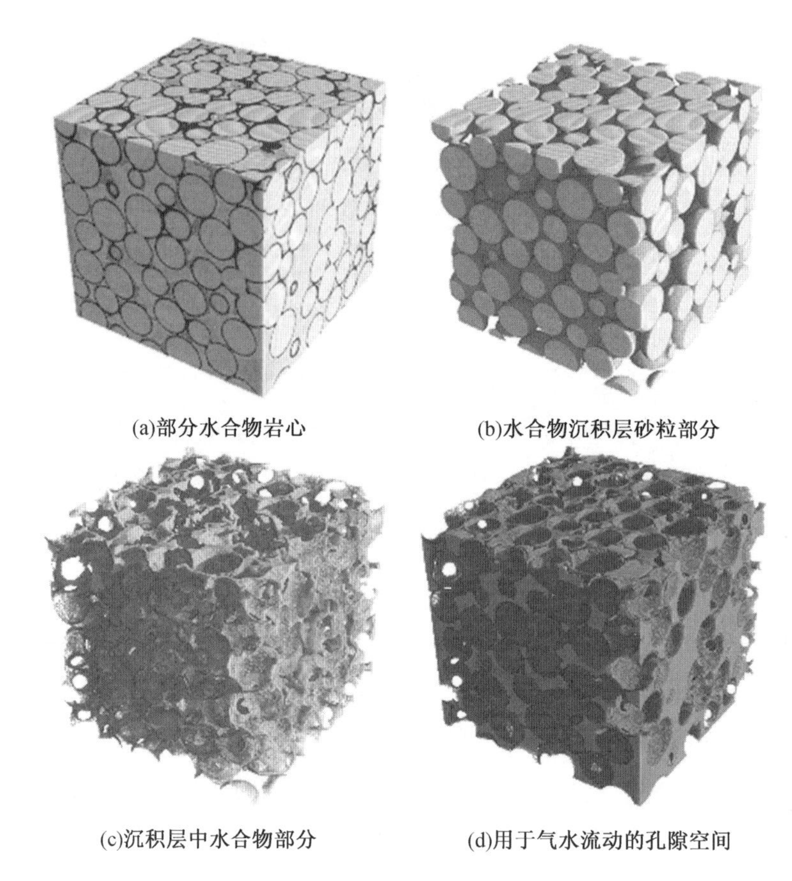

(a)部分水合物岩心　　(b)水合物沉积层砂粒部分

(c)沉积层中水合物部分　　(d)用于气水流动的孔隙空间

图 4.2　水合物岩心提取

4.1.2　水合物沉积层的孔隙网络模型提取

1. 水合物沉积层岩心获取

本研究采用商业图像处理软件 ImageJ 和 VG Studio Max，以水合物岩心的 CT 图像为输入文件，来获取数字岩心。本节以 BZ10 玻璃砂为例，详细论述获取岩心的具体步骤与操作。假设水合物岩心的. cb 文件存放在“I：\CT data\bz1” 文件夹内。

① 序列处理。利用商业图像处理软件 ImageJ，导入岩心的. cb 文件，具体操作为“File → Import → Image Sequence”，选择“I：\CT data\bz1” 文件夹内所有关于岩心的. cb 文件，如图 4.3 所示。

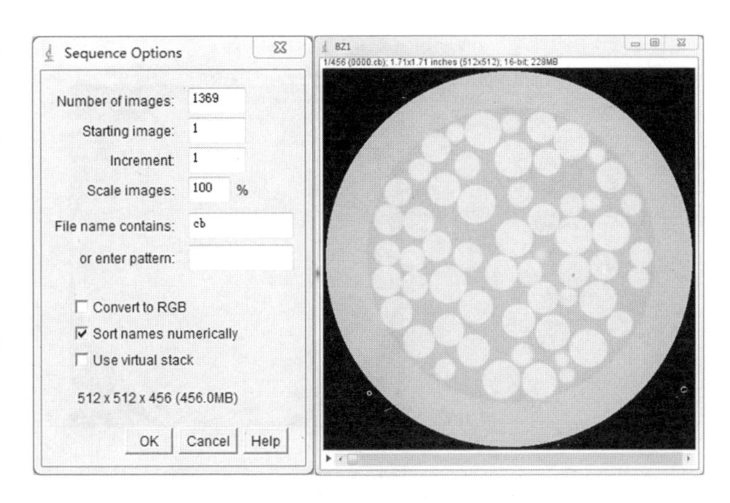

图 4.3　图像序列导入

② 图像剪裁，调节亮度和对比度。在图 4.3 的基础上，选择"Image →Adjust →Canvas Size"获取用于后续研究的适合尺寸，并去除反应釜壁等无效区域，得到 270 × 270 大小的图像共 270 层，如图 4.4(a) 所示。再选择"Image →Adjust → Brightness/Contrast → Auto"对已剪裁的图像进行亮度和对比度的调节，如图4.4(b) 所示。

③ 保存岩心序列图像到指定文件夹，文件的后缀名为.tif。具体操作为"File →Save As → Image Sequence"，保存路径为"I:\CT data\bz1"，如图4.4(c)所示。

④ 滤波去噪。利用商业图像处理软件 VG Studio Max 对图像进行中值滤波去噪，具体操作为"File → Import → Image Stack"，导入步骤 ③ 获取的岩心的.tif文件，选择"Filter → Median"，如图 4.5 所示。

⑤ 阈值分割。通过设置阈值或者选择适当的阈值计算方法来识别水合物岩心中各个组分，按照四个组分密度的大小排列：甲烷气体、甲烷水合物、水、玻璃砂。记录下各个组分对应的阈值范围。

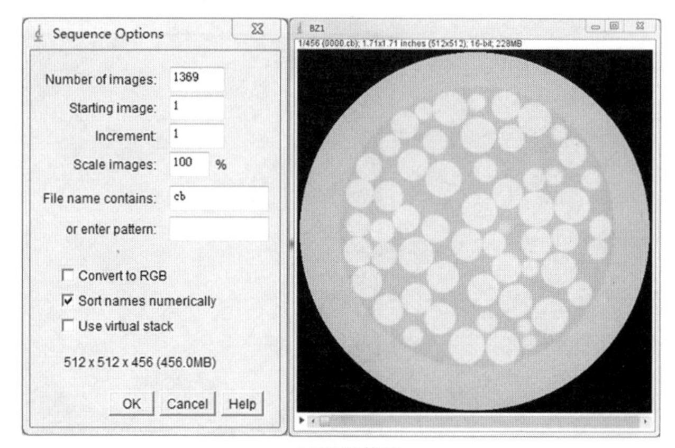

(a)图像剪裁

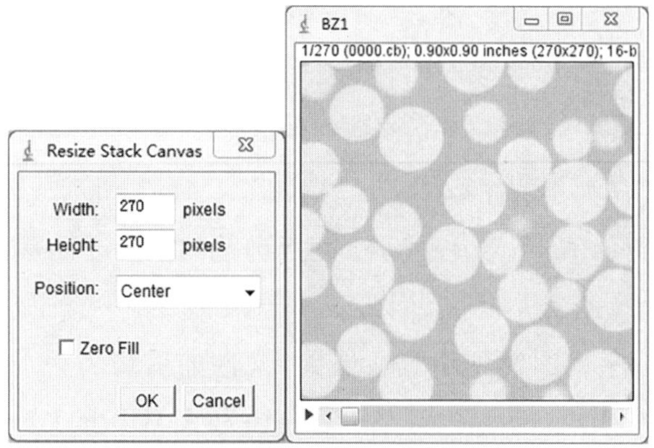

(b)亮度和对比度调节

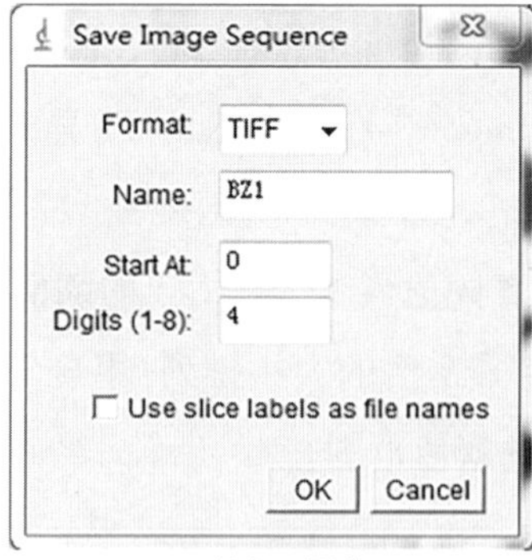

(c)保存tiff图像

图 4.4　图像处理

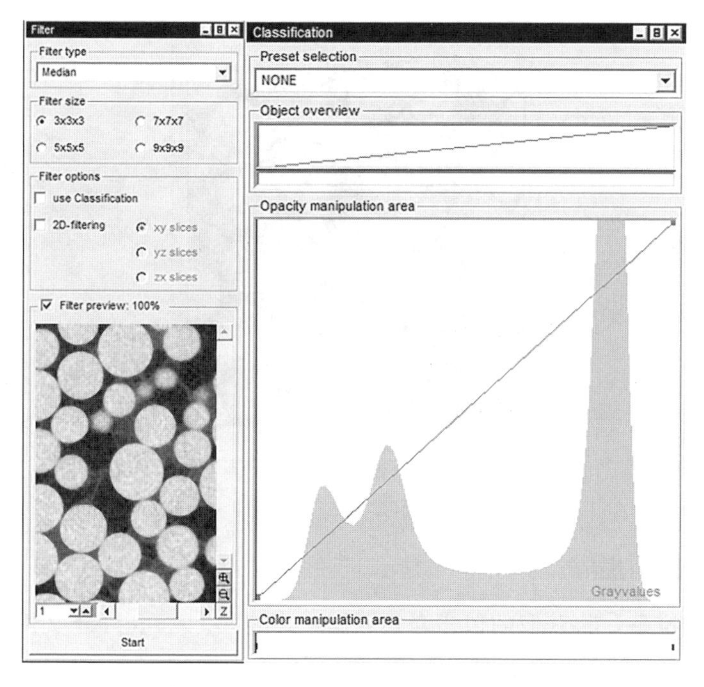

图 4.5　图像滤波去噪

⑥ 二值化处理。利用 Matlab，调用 mh_skeleton. m 程序文件，将岩心中的水合物和玻璃砂转化为骨架结构，再利用 ImageJ 选择“Process → Binary → Make Binary”对各个片层进行二值化处理，如图 4. 6 所示，白色部分为水合物和玻璃砂组成的骨架结构，黑色区域为用于流体流动的孔隙空间。接下来保存得到. tif 后缀的岩心序列图像，保存路径为“I：\CT data\bz1”。由于本节研究中将水合物假设为岩心中骨架结构的一部分，在整个流动过程中不发生任何改变，因此，二值化后与岩心玻璃砂相同，为白色部分。

⑦ 重构数据矩阵。调用 Matlab 中的 getctimdata. m 程序，重构岩心数据矩阵，将. tif 后缀的岩心序列图像转化为一个 bz1 – raw. dat 文件。

利用 ImagaJ 将获取的孔隙空间三维结构中的各个片层进行二值化，得到白色(0) 的岩心骨架部分和黑色(1) 的用于气水流动的流动空间部分的. txt 格式的文件。再调用 Matlab 三维数据生成程序处理该具有孔隙空间结构信息的. txt 格式文件，用于提取网络模型的. dat 格式的预文件。

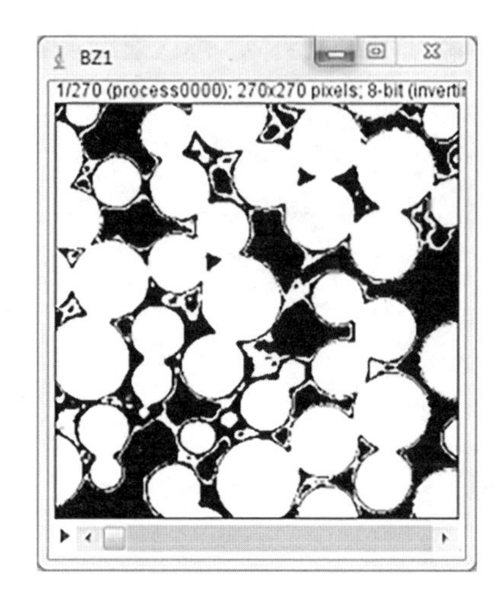

图 4.6　图像二值化

2. 网络模型提取

① 前期准备。将获取的包含岩心数据矩阵的 bz2 - raw. dat 文件，以及相关的应用程序，如 porenet. exe 和 ppd. exe，放入同一个文件夹中备用。修改输入文件 Input. dat 里的相关参数，使之与数据文件相匹配，方便调用。

② 程序运行，提取数据。打开命令管理器，运行步骤 ① 中的两个可执行程序 porenet. exe 和 ppd. exe。程序的输出结果为 4 个数据文件，如图 4.7 所示。

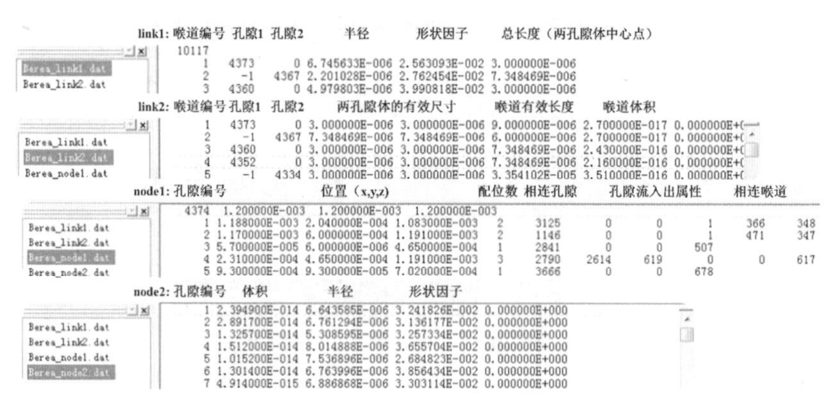

图 4.7　孔隙网络模型文件信息分析

③ 按如下顺序分别运行两个可执行文件。

ppd. exe　Input. dat

porenet. exe　Input. dat

④ 获取三维可视化图像。将数据提取过程中获得的数据文件重命名,并与可视化程序 Viewall. exe 放入同一个文件夹中。运行可视化程序 Viewall. exe,得到可视化数据文件,后缀为. txt。将可视化数据文件导入软件 Rhinoceros 4.0 中,可得到三维孔隙网络球杆结构,具体操作为"Tools → Commands → Read from File"。得到水合物岩心的等价孔隙网络模型如图 4.8 所示,其中孔隙以球体表示,喉道以直杆表示。

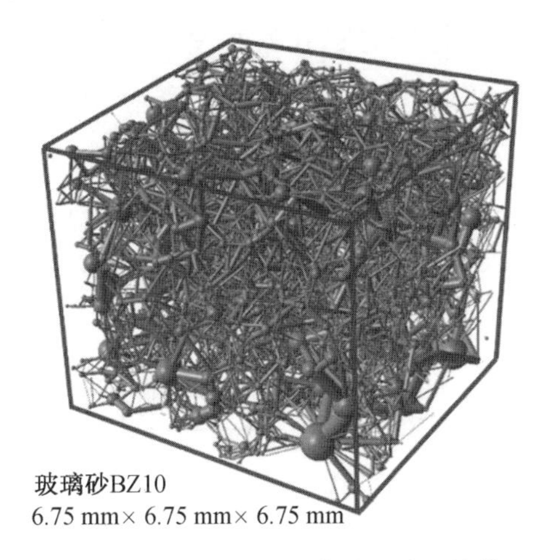

图 4.8　水合物岩心的等价孔隙网络模型

3. 网络模型内部流动模拟预测分析

本节将介绍采用两相流模拟器 poreflow. exe 模拟孔隙网络模型中流体流动的方法,其能很好地模拟孔隙级多相流的流动。具体操作如下:首先将孔隙网络数据文件及设定文件 default. dat 放入同一个文件夹中。为了获得满意的模拟结果,default. dat 中各项参数的设定非常关键,见 4. 1. 3 节。然后运行两相流模拟器 poreflow. exe,可得到在设定条件下孔隙网络模型中流体的流动结果。

4.1.3　不同水合物饱和度下沉积层的渗透率研究

表 4. 1 为模拟工况及流体特性参数,表 4. 2 是渗流特性的重要参数,分别为:利用传统体积法(水合物体积与整个水合物沉积层体积的比值)计算出的水合物

饱和度和质量守恒法计算出的水合物饱和度；利用孔隙网络模型计算出的水合物岩心的孔隙度、平均孔隙半径、平均喉道半径、孔喉比及绝对渗透率；利用Kozeny 经验模型计算出的悬浮型水合物的绝对渗透率。以上数据均整理在表4.2 中。由表4.2 得知，本节水合物饱和度在18% ~ 25% 之间，平均孔隙半径为 $4.01 \times 10^{-5} \sim 11.09 \times 10^{-5}$ m，平均喉道半径为 $2.08 \times 10^{-5} \sim 5.19 \times 10^{-5}$ m。为了初步验证本节计算的准确性，在计算水合物沉积层的各相渗透特性之前，利用无水合物的贝雷岩心提取相对应的孔隙网络模型计算相关参数，并将利用孔隙网络模型计算的无水合物贝雷岩心的孔隙度、平均孔隙半径、平均喉道半径和绝对渗透率与Dong的研究结果（表4.2 中上角标标记为⑤的一行数据）进行比较，对比结果显示出很好的一致性，证明了孔隙网络模型计算的准确性。从整体数据可知，水合物沉积层中水合物饱和度的增加导致平均孔隙、喉道半径降低，绝对渗透率随之降低；在水合物饱和度相同的工况下，平均孔隙半径总是大于平均喉道半径。

表 4.1 模拟工况及流体特性参数

参数	数值
温度 /℃	0.2
压力 /Pa	5.6×10^{6}
界面张力 /(mN · m^{-1})	34.33
水密度 /(kg · m^{-3})	1 002.63
水黏度 /(Pa · s)	1.77×10^{-3}
甲烷密度 /(kg · m^{-3})	45.42
甲烷黏度 /(Pa · s)	1.16×10^{-5}

表 4.2　不同水合物饱和度下的孔隙网络特性参数

水合物饱和度/%①	孔隙度/%②	平均孔隙半径/($\times 10^{-5}$m)②	平均喉道半径/($\times 10^{-5}$m)②	绝对渗透率/(μm^2)②	水合物饱和度/%③	绝对渗透率/(μm^2)④
无水合物	19	1.985	0.751	1.2	—	—
贝雷岩心	19⑤	1.904⑤	0.729⑤	1.1⑤	—	—
18.19	30.46	11.09	5.19	79.2	18.63	74.7
18.97	31.07	9.45	4.77	78.9	18.76	72.0
19.73	31.07	9.34	4.61	70.4	20.32	69.4
22.03	30.78	8.53	3.75	64.4	21.19	62.2
22.14	29.28	7.09	3.51	62.9	21.91	61.9
22.46	30.83	6.41	2.95	60.7	22.09	61.0
23.76	28.14	5.78	2.53	53.4	24.29	57.3
25.32	29.79	4.01	2.08	46.3	24.98	51.1

注:① 利用传统体积法计算；
② 利用孔隙网络模型计算；
③ 利用质量守恒法计算；
④ 利用 Kozeny 悬浮型模型计算；
⑤ 文献中贝雷岩心的孔隙网络特性。

1. 水合物沉积层中的孔隙度

将利用孔隙网络模型(表4.2中上角标标记为②的列数据)和传统体积法计算得到的孔隙度在图4.9中进行比较。图中圆点和三角分别代表利用孔隙网络模型和传统体积方法计算的孔隙度,由图可知,两种方法计算结果的差值均在5%之内。并且在水合物生成之前,利用CT技术计算得到由BZ10玻璃砂填充的沉积层的孔隙度为36.93%,这个值与随机填砂理论孔隙度值38%十分相近。

2. 水合物沉积层中的水合物饱和度

在计算水合物沉积层中的水合物饱和度时,首先利用传统的面积计算方法

（水合物面积占孔隙面积的比例）计算出每个片层中水合物的饱和度，如图4.10所示，不同线型代表不同水合物饱和度的沉积层中每个片层水合物饱和度的大小。水合物在岩心内部分布十分复杂、不规则，但都在整体饱和度附近波动，这一现象与4.1.1节对水合物分布及赋存形式的观察一致。表4.2中列出了利用传统体积法和质量守恒法计算出的整个岩心的水合物饱和度。采用不同方法计算出的两组水合物饱和度差值在5%之内。

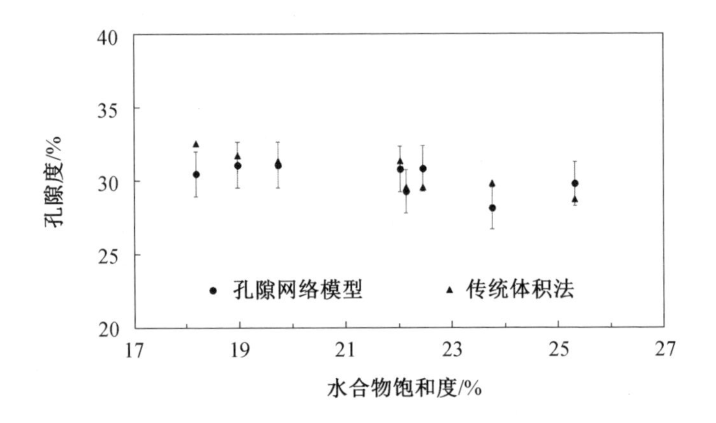

图4.9　孔隙网络模型与传统体积法计算的孔隙度的比较

3. 水合物沉积层的绝对渗透率

水合物饱和度与水合物岩心绝对渗透率的关系见表4.2；当水合物饱和度从18.19%增加到25.32%过程中，水合物沉积层的绝对渗透率明显由79.2 μm^2降低到46.3 μm^2。这就说明水合物的存在改变了沉积层的孔隙空间，改变了孔隙、喉道的尺寸，甚至堵塞流体流动的连通通道，从而改变了水合物岩心中流体流动及水合物岩心的渗流特性。因此，增加水合物饱和度降低了流体流动的孔隙空间，而孔隙、喉道的减少会导致渗透率降低。另外，由于该研究中水合物是以悬浮型赋存在沉积层中，因此又将利用孔隙网络模型计算的绝对渗透率结果与理论模型评估的结果进行对比。将本节计算得到的平均水合物饱和度代入Kozeny悬浮型理论模型，计算出悬浮型水合物岩心的绝对渗透率。由两种方式计算出的绝对渗透率均列在表4.2中，结果证明数值具有很高的一致性。

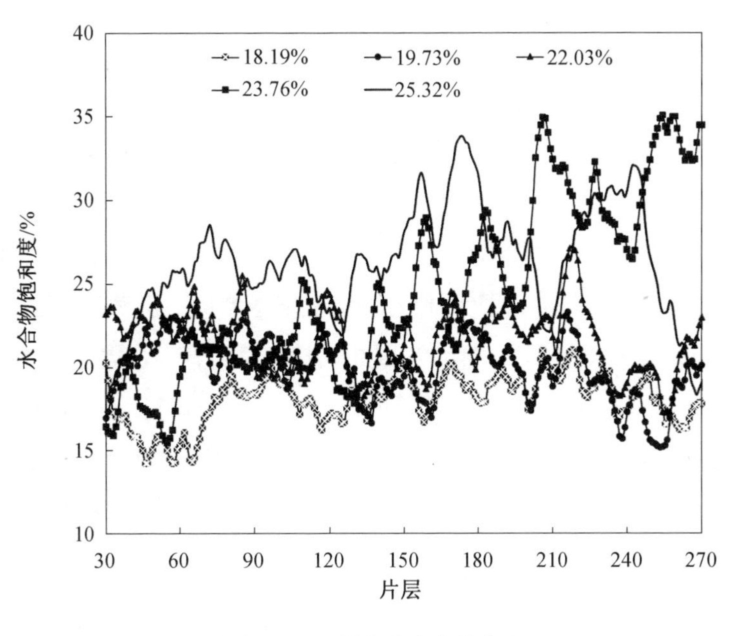

图 4.10　岩心中水合物分布

4. 水合物沉积层的相对渗透率

图 4.11 所示为不同水合物饱和度下的气水两相相对渗透率,不同线型代表不同的水合物饱和度,水相的相对渗透率随着水相饱和度的增大而升高,气相的相对渗透率则随之降低。这是由于随着水相饱和度增大,水在沉积层中的流动空间增大,故水相的相对渗透率逐渐升高。由于气相的流动空间被水相占据,气相在流动过程中就容易因水的流动而失去原有的连续性,即产生贾敏效应,该效应对气水流动影响很大。气相会逐渐失去连续性,分布于水相中,因此气相相对渗透率会逐渐降低,最后滞留于孔隙内部。在不同水合物饱和度下,较小的水合物饱和度导致较高的水相相对渗透率,可用孔隙网络模型中孔隙、喉道半径来解释这一现象:在沉积层中生成的水合物会占据用于流体流动的孔隙空间,使得孔隙网络模型的孔隙、喉道半径随之减小,见表 4.2。若孔隙、喉道半径特别小,水相流动就会被阻碍。这是由于小的孔隙、喉道半径会使沉积层中的毛细管力明显增大(原因会在第 6 章详细解释),明显增大的毛细管力会阻止水相的流动,图

4.11 中水合物饱和度为25.32%，即属于这种情况。由于水合物饱和度在此研究中最大，导致平均孔隙、喉道半径最小，使得在水饱和度相同的情况下，水相相对渗透率最低。随着水合物饱和度的降低，平均孔隙、喉道半径降低，用于水相流动的空间增大，水相的相对渗透率随之升高。但是气相相对渗透率并没有呈现类似的趋势，如图4.11 所示，气相相对渗透率随水合物饱和度的变化不是很明显。平均孔隙、喉道半径小会阻碍气水两相在沉积层中流动，随着半径的增加，水相的流动变化明显，并占据了大部分的孔隙、喉道空间。孔隙级别中，气相（非湿相）的迁移会受到毛细管力的阻碍，因此气相流动随着水合物饱和度改变的影响不是很明显。这一发现与 Laroche 等的研究相近。在 Jang 等的研究中，水合物饱和度变化范围较大，为 20% ~ 60%，在此水合物饱和度区域内，较小的初始水合物饱和度会使得气相相对渗透率升高，相比于水合物饱和度变化仅在 20% ~ 25% 之间气相的流动，水合物饱和度的大范围变化强烈影响气相的连通性，使得气相相对渗透率有明显的升高。这与本书研究得到的结果较为一致。

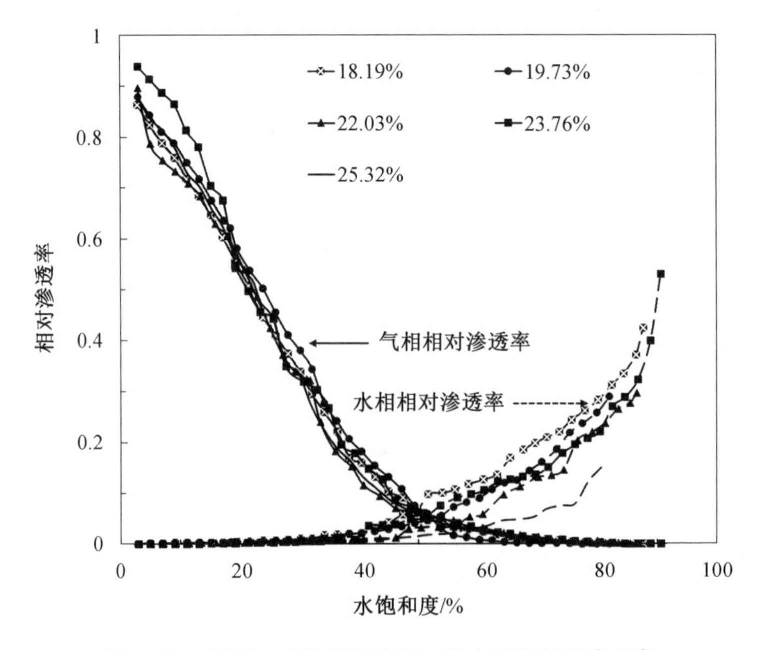

图 4.11　不同水合物饱和度下的气水两相相对渗透率

5. 不同水合物饱和度下的毛细管力

图 4.12 所示为不同水合物饱和度下的毛细管力，图中不同线型代表着水合物饱和度不同，随着水饱和度从 100% 向 0 减小的过程中，不同水合物饱和度下的毛细管力曲线均以缓慢的速度平稳升高，直到水饱和度在 5% 处出现明显的拐点，从该拐点处开始，毛细管力会随着水饱和度的减小而骤升。水饱和度只上升 1%，相应的毛细管力就可增加约 0.9 MPa。在水饱和度相同的情况下，不同水合物饱和度对毛细管力也有一定的影响，即水合物饱和度越大，毛细管力相对越大。这是由于在沉积层中水合物的生成占据了本来就小的孔隙空间，使得孔隙空间的等价孔隙、喉道半径随之减小，由式(1.39) 可知，平均孔隙、喉道半径较小则会导致毛细管力的增大。因此，在水合物沉积层中，水合物饱和度越大，其内部毛细管力就越大。

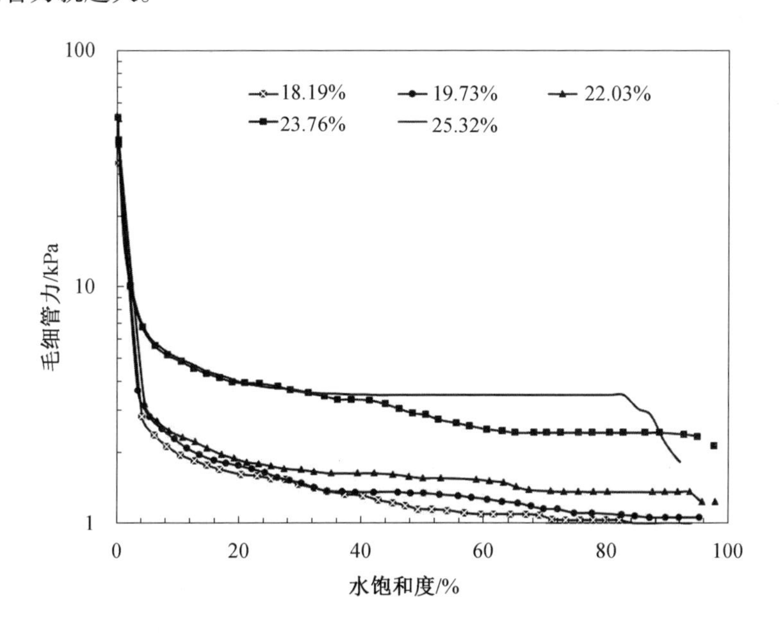

图 4.12　不同水合物饱和度下的毛细管力

在 Jang 等的研究中，利用实验方法分别测量了四氢呋喃水合物饱和度为 0、40%、60% 及 70% 情况下的毛细管力。结果表明，在给定有效水饱和度情况下，毛细管力会随着四氢呋喃水合物饱和度的增大而增大。这一现象与 Dai 等利用孔隙网络模型模拟计算的毛细管力在水合物饱和度影响下的变化趋势相同，同样也与本节的研究结果一致，即水合物沉积层中，水合物饱和度越大，其内部毛细管力就越大。

4.2 孔隙尺寸对渗透率的影响

不论利用降压开采法、注热开采法还是抑制剂注入开采法，水合物沉积层中气相和水相的渗透率都是评估甲烷气体高效开采的重要参数。沉积层的渗透率通常取决于利用气相流动测量还是液相流动测量。水合物沉积层的渗透率主要受孔隙尺寸分布、孔隙度、甲烷水合物开采特性及甲烷水合物饱和度等特性影响。在石油物理应用领域，核磁共振（NMR）成像被用来测量油藏岩石或者含甲烷水合物砂层的孔隙尺寸分布。Minagawa 等利用水银孔隙测量法测量沉积层中的孔隙尺寸分布（孔隙尺寸分布是基于 Washburn 公式，根据水银浸入体积和压力的关系进行计算的），研究利用水相流动测量的甲烷水合物沉积层渗透率并利用 NMR 光谱计算，探究了孔隙尺寸分布与渗透率的关系，并假设沉积层中甲烷水合物开采和分解过程，水合物更倾向于黏结型、完全包裹型、孔隙空间自由生长型或者在隔离的结节上生成。在 Hauschildt 等的研究中，探讨了气体水合物系统中孔隙度 - 渗透率模型的敏感度。其中研究的形态学模型描述了气体水合物系统的宏观几何学关系，孔隙度 - 渗透率关系结合沉积层改变的微观结构。从研究选取的微观模型和宏观模型所得到的结果可以看出，孔隙尺度会在一定程度上对大尺度流动过程产生影响，其中孔隙度 - 渗透率关系参数是由宏观水合物储量推断得到的。该研究中将宏观特性与微观参数进行了结合。可见，水合物沉积层的孔隙度是影响渗透率的重要参数，需要加强对该影响关系的深入研究。

4.2.1　水合物沉积层的孔隙网络模型提取

在本小节中，为了研究水合物沉积层的孔隙尺寸对渗流特性的影响，采用不同尺寸的玻璃砂进行填砂，生成相同饱和度的水合物，并且所有实验模拟均在相同的工况下完成，各组研究中水合物沉积层的孔隙尺寸是唯一变量。

利用粒径大小不同的六组玻璃砂（日本，AS - ONE 公司）在高压反应釜中填砂成孔隙度不同的沉积层，并在低温、高压的条件下生成饱和度相同（本小节研究中水合物饱和度均为 22.03%）的水合物（具体实验步骤及实验工况见 2.2 节）。玻璃砂直径为 0.1 mm（BZ01）、0.2 mm（BZ02）、0.4 mm（BZ04）、0.6 mm（BZ06）、0.8 mm（BZ08）和 1 mm（BZ10）。待水合物完全生成并稳定之后使用 CT 对不同饱和度的甲烷水合物岩心样品进行扫描（扫描时 CT 所设置的参数见 2.2 节）。得到水合物岩心各个片层的 CT 图像，接下来将各个片层导入 ImageJ 图像软件中，剪裁得到像素为 250 × 250 × 250 的岩心片层图像，经过三维图像重构得到立体的水合物沉积层结构。经过对比度、亮度调节，中值过滤，去噪，阈值分割，VG Studio Max 识别等处理后，得到玻璃砂、甲烷气体、水和甲烷水合物的四相组分。

图 4.13（a）所示为玻璃砂和生成的水合物组成的三维重构骨骼架构，其他部分为用于流体流动的孔隙空间（图 4.13（b））。图 4.13（b）是将水合物沉积层中用于流体流动的孔隙空间整个提取出来作为孔隙网络模型的基础。图 4.13（c）为用于气水两相渗流特性计算的孔隙网络模型，其中：球体为孔隙，是水合物沉积层用于流体流动的较大空间；直杆为喉道，是连接两个较大孔隙空间的连通通道。由不同粒径生成的水合物岩心提取得到孔隙网络模型，从其孔隙、喉道半径及分布可以直观地得到结论：玻璃砂粒径越小，孔隙、喉道分布越密集，平均孔隙、喉道半径越小。孔隙和喉道均含有孔隙网络模型的大量信息。孔隙网

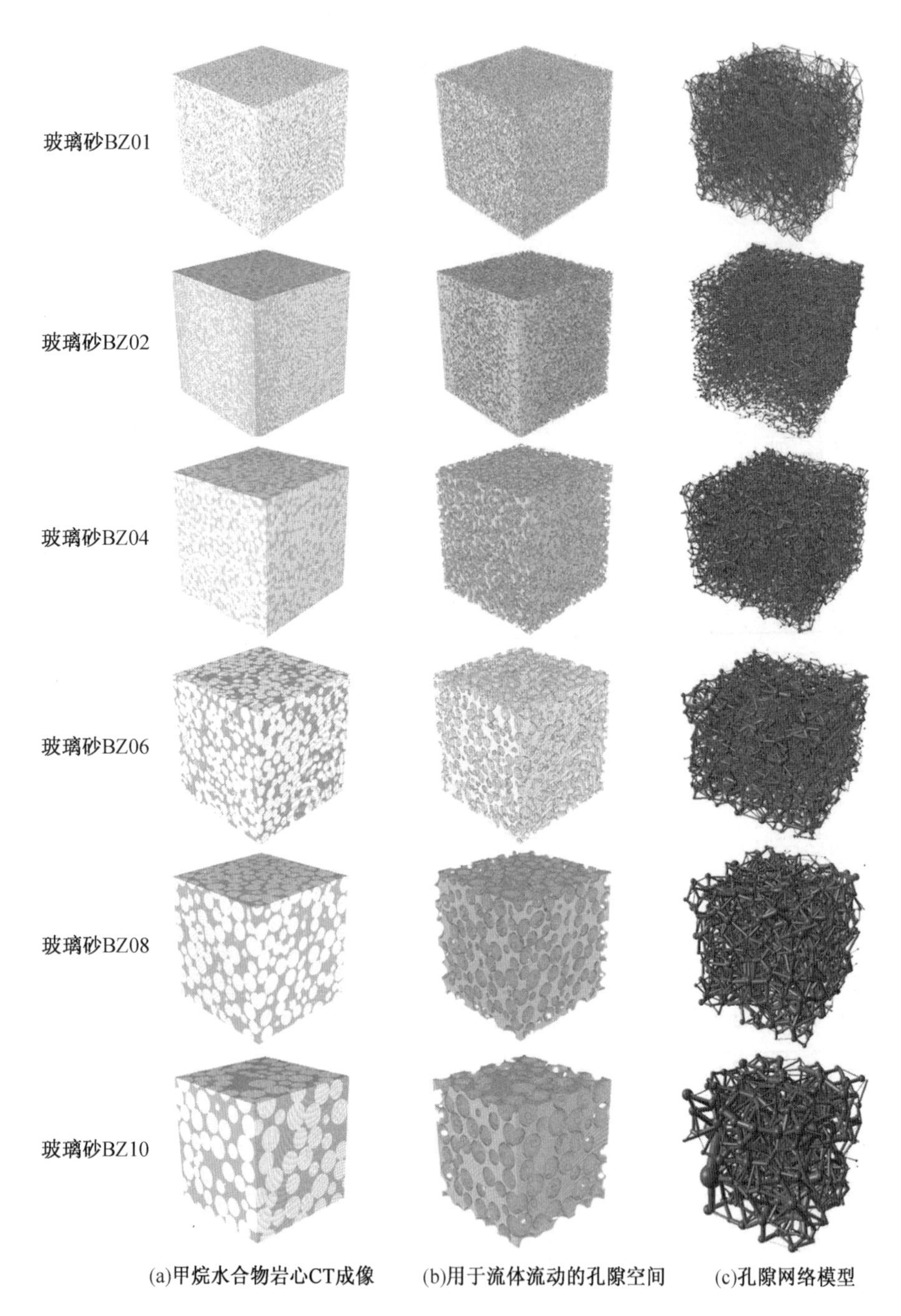

图 4.13　孔隙网络模型提取

络模型是一种不用破坏原岩心就可准确预测其中流体流动特性的方法。

4.2.2　不同孔隙尺寸水合物沉积层的渗透率研究

1. 水合物沉积层的孔隙度

本小节中模拟工况及流体特性参数见表 4.1,其同时也是利用孔隙网络模型计算渗流特性的重要参数。利用孔隙网络模型模拟计算得到不同粒径尺寸下水合物沉积层的孔隙度、平均孔隙半径、平均喉道半径、孔喉比均见表 4.3,由表 4.3 可以看出,孔隙度范围为 19.29% ~ 36.93%,平均孔隙半径范围为 $2.89 \times 10^{-5} \sim 17.39 \times 10^{-5}$ m,平均喉道半径范围为 $1.39 \times 10^{-5} \sim 6.45 \times 10^{-5}$ m,孔喉比的范围为 2.08 ~ 2.70。粒径越大,获取的水合物沉积层的孔隙度越大,相应的平均孔隙、喉道半径也随之增大。利用孔隙网络模型和传统体积法计算孔隙度,在图 4.14 中进行比较。图 4.14 中不同形状的标记代表利用不同方法计算得到的孔隙度,三角标记为利用传统体积法计算的不同粒径大小下的孔隙度,圆点标记为利用孔隙网络模型计算的不同粒径大小下的孔隙度。由图 4.14 可知,利用两种方法计算得到的孔隙度误差在 5% 之内,具有很好的一致性。同时得到结论:形成水合物沉积层的粒径越大,对应的孔隙度就越大。

表 4.3　利用孔隙网络模型计算的在不同粒径下生成的水合物沉积层特性参数

粒径大小	孔隙度/%	平均孔隙半径/($\times 10^{-5}$m)	平均喉道半径/($\times 10^{-5}$m)	孔喉比	绝对渗透率/μm^2
BZ01	19.29	2.89	1.39	2.08	2.50
BZ02	26.86	4.71	2.08	2.26	13.6
BZ04	30.17	5.64	2.23	2.53	57.0
BZ06	30.62	8.43	3.28	2.57	107.6
BZ08	34.98	13.27	5.15	2.58	380.0
BZ10	36.93	17.39	6.45	2.70	750.4

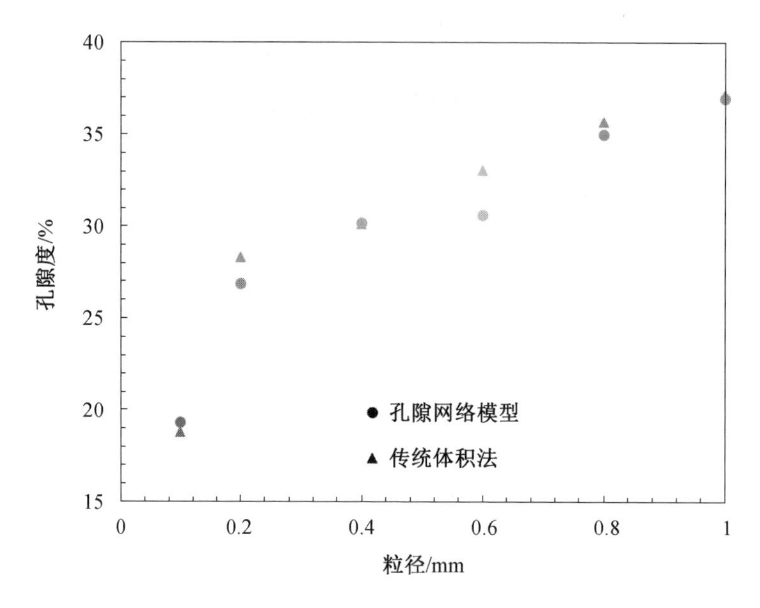

图 4.14　孔隙网络模型及传统体积法计算的孔隙度

2. 水合物沉积层的绝对渗透率

利用孔隙网络模型计算的绝对渗透率数值见表 4.3。由表 4.3 中的数据可知，玻璃砂粒径尺寸越大，形成水合物沉积层的孔隙度就越大，对应提取得到的等价拓扑的孔隙网络模型的孔隙半径和喉道半径就越大，模拟计算的水合物沉积层的绝对渗透率也随之升高。图 4.15 为不同粒径下平均孔隙、喉道半径与绝对渗透率的关系，圆点标记和三角标记分别表示平均孔隙半径和平均喉道半径。平均孔隙、喉道半径的增加均会使得水合物沉积层岩心的绝对渗透率随之升高，也就是说粒径尺寸可以改变流体流动的空间大小，从微观结构的角度来解释，即粒径尺寸的改变，改变了孔隙网络模型中的孔隙、喉道半径，因此下降的水合物沉积层孔隙度导致流动空间减小，从而使得等价的孔隙网络模型的平均孔隙、喉道半径减小，最终降低了其绝对渗透率。

将通过孔隙网络模型计算得到的绝对渗透率与根据现有的经验公式计算得到的绝对渗透率进行对比是十分必要的。本小节将绝对渗透率的模拟结果与 K - T(Katz - Thompson) 公式和 K - C(Kozeny - Carman) 公式计算得到的绝对

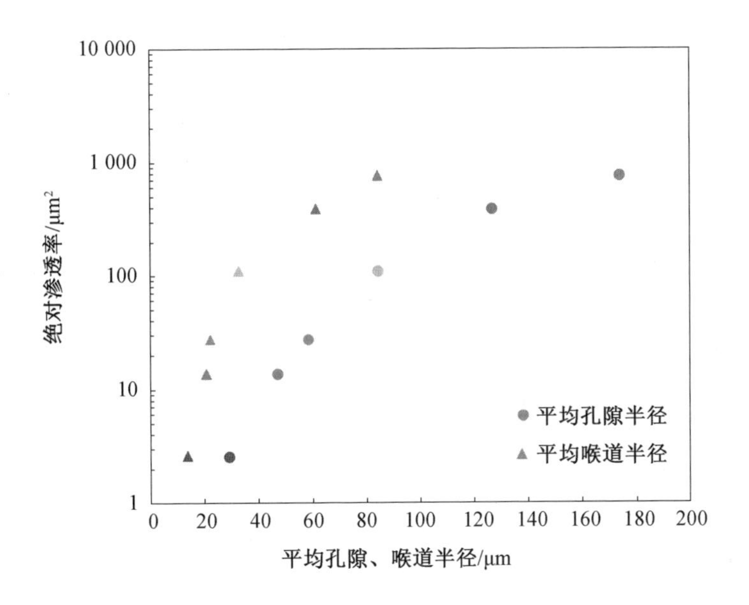

图 4.15　不同粒径下平均孔隙、喉道半径与绝对渗透率的关系

渗透率进行对比，如图 4.16 所示。图中圆点标识代表孔隙网络模型计算的绝对渗透率，三角形标识代表 K－T 公式计算的绝对渗透率，叉标识代表 K－C 公式计算的绝对渗透率，由图可知，三种方法计算得到的绝对渗透率的趋势是相同的，均为孔隙度的增大导致绝对渗透率的升高，其中：在孔隙度小于 30% 时，通过孔隙网络模型计算得到的绝对渗透率与 K－T 公式计算结果一致；当孔隙度大于 30% 时，通过孔隙网络模型计算得到的绝对渗透率与 K－C 公式计算结果一致。这是由于 K－C 公式在低孔隙度处计算得到的渗透率会随着孔隙度的减小而迅速降低。与此同时，在孔隙网络模型中孔隙、喉道的横截面除了圆形，还有三角形和正方形，对水合物沉积层空间结构表征得更为准确，而 K－T 模型是基于两个实验得到的，其中一个是利用压汞法测得临界孔隙直径，该方法假设横截面为圆形，影响了 K－T 模型计算渗透率的准确性。

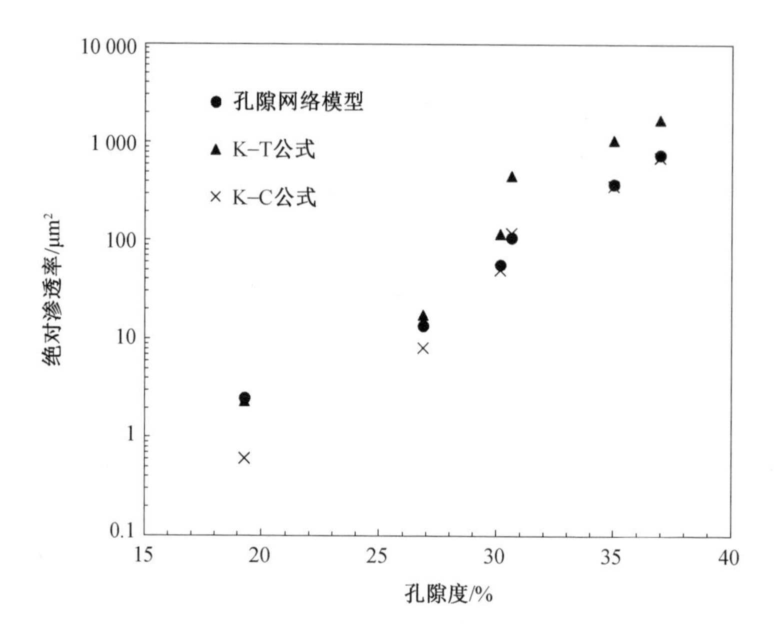

图 4.16　孔隙网络模型计算得到的绝对渗透率与 K – T 和 K – C 公式经验模型对比

3. 水合物沉积层的相对渗透率

图4.17为不同粒径下生成水合物沉积层中气水两相相对渗透率。由图4.17可知，随着水相的饱和度增大，水相的相对渗透率随之升高，气相的相对渗透率随之降低，这是由于随着水相的饱和度增大，水在沉积层中的流动空间就会增大，故水相的相对渗透率逐渐升高。由于气相的流动空间被水相占据，因此气相在流动过程中容易因水的流动而失去原有的连续性，出现贾敏效应，该效应对气水流动影响很大。气相逐渐失去连续性，分布于水相中，因此气相相对渗透率会逐渐降低，最后气相滞留于孔隙内部。另外，在水相饱和度相同的情况下，较小的孔隙度导致较低的水相相对渗透率，反而获得较高的气相相对渗透率，气水两相相对渗透率与孔隙度的变化关系十分明显。本节利用孔隙网络模型中平均孔隙、喉道半径来解释这一现象。

在水相饱和度相同时，较小的粒径形成的水合物沉积层会使水相相对渗透率降低，这是因为较小的粒径会形成具有较小孔隙度的水合物岩心(图4.15)，对应等价的孔隙网络模型的平均孔隙、喉道半径也相对较小(图4.16)。若平均孔

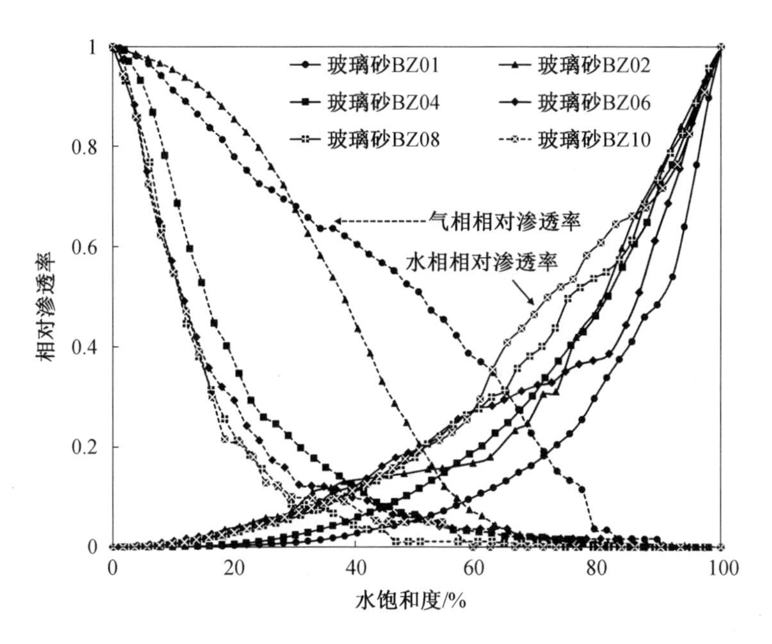

图 4.17　不同粒径下气水两相相对渗透率

隙、喉道半径过小,相对应的毛细管力就会极度增大,从而完全阻碍水相的流动,因此在较小孔隙空间中水相相对渗透率也相对较低。随着形成沉积层的玻璃砂的粒径的增大,平均孔隙、喉道半径随之增大,用于水相流动的孔隙空间也随之增大,因此水相流动加强,水相相对渗透率随之升高。值得注意的是在石油开采中,亲湿相相对渗透率的变化也是同样的,即随着孔隙、喉道半径增大,亲湿相(水相)的相对渗透率升高。

但是气相相对渗透率则遵循相反的趋势,即水相饱和度相同时,由大粒径组成的水合物岩心具有较低的气相相对渗透率。同样可利用孔隙网络模型中的平均孔隙、喉道半径来解释这一现象。当平均孔隙、喉道半径增大时,水相在沉积层中的流动增强,占据了孔隙网络模型中大部分由孔隙和喉道提供的流动空间。另外,孔隙级别中毛细管力又严重阻碍了气相(非湿相)的流动。因此气相相对渗透率不会像水相相对渗透率那样随着粒径尺寸的增大而有所升高。接下来再用孔喉比这一孔隙网络的微观特性来解释气相相对渗透率降低的现象。由第3章中介绍的孔喉比的定义及物理意义可知,具有较小孔喉比的水合物沉积层更有利于流体流动,较大的孔喉比更容易造成流体流动过程中的卡断效应,使得角隅部分充满被束缚的气相而无法流动,气相(非湿相)连通的流动线路被切断。因此,在水相饱和度相同的情况下,具有较大孔喉比的水合物沉积层具有较低的气相相对渗透率。在本节研究中,孔喉比参数见表4.3。通过表4.3可知,在本次模拟中较大孔隙度的孔隙网络模型水合物沉积层具有较大的孔喉比,也就是说,大孔隙度的水合物沉积层岩心具有较大的孔喉比,如图4.18所示(图4.18表示随着水合物沉积层孔隙尺寸的变化,内部平均孔隙、喉道半径变化与孔喉比的变化情况,其中虚线为中值线。由图4.18可知,随着水合物沉积层孔隙尺寸的增大,内部平均孔隙、喉道半径增大导致孔喉比也随之增大),更不利于气相流动,于是气相相对渗透率就比较低。另外,在 Bennion 和 Bachu 分析沃伯门岩心样品中的相对渗透率时也发现相同的结论,即在盐水饱和度相同的情况下,较大孔隙度的沃伯门岩心样品具有较低的 CO_2(气相,非湿相)相对渗透率。Dana 和 Skoczylas 在研究低孔隙度孚日山岩心时同样发现较低孔隙度的岩心具有较高的气相相对渗透率的规律。

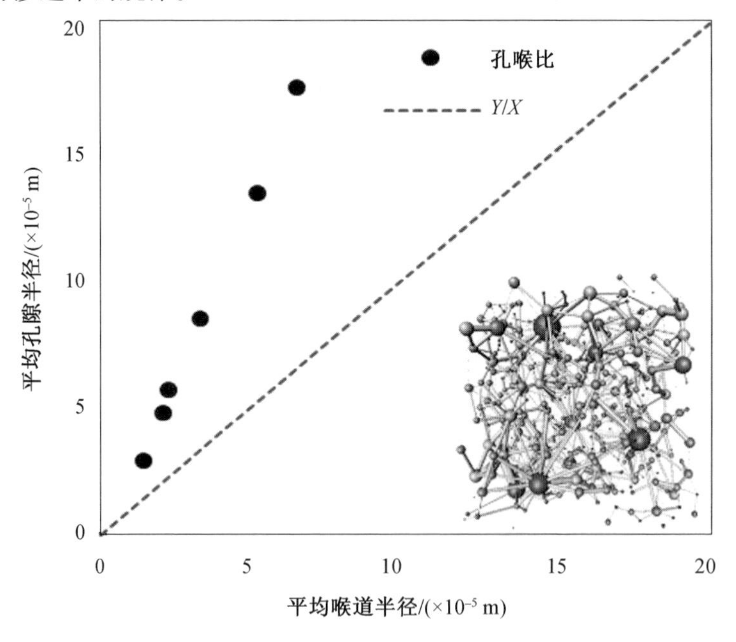

图 4.18　平均孔隙、喉道半径与孔喉比的关系

4. 不同孔隙度下的毛细管力

在图4.19中，不同线型代表不同孔隙度下的毛细管力曲线，随着水饱和度从最大值开始减小，不同孔隙度下的毛细管力均以缓慢的速度平稳升高，直到水饱和度在3%处出现明显的拐点，从该拐点处开始，毛细管力会随着水饱和度的增大而骤升。水饱和度只上升1%，相应的毛细管力就可增加约1 MPa。在水饱和度相同的情况下，不同孔隙度对毛细管力也有一定的影响，即水合物沉积层的孔隙度越高，毛细管力就越小。这是由于水合物的饱和度相同时，粒径的大小决定水合物沉积层内部用于流体流动的空间的大小，组成水合物沉积层的颗粒粒径越大，流体流动空间越大，对应等价的孔隙网络模型中的平均孔隙半径和平均喉道半径就越大，由式(1.39)可知，平均孔隙半径和平均喉道半径减小则会导致毛细管力增大。因此，水合物沉积层中，水合物孔隙度越小，其内部毛细管力就越大。

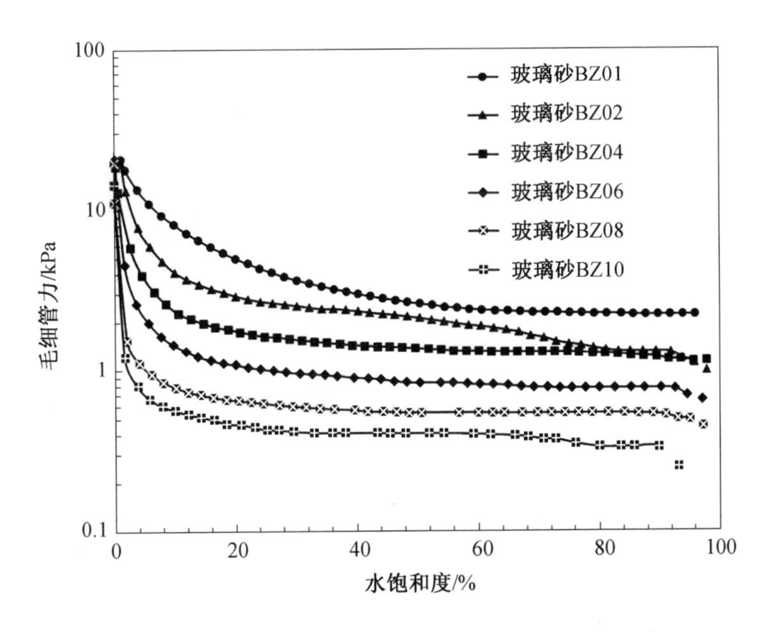

图 4.19　不同孔隙度下的毛细管力曲线

第5章

润湿性和界面张力对水合物沉积层内渗流的影响

本章针对水合物沉积层特性及水合物沉积物孔隙空间内部流体之间的相互作用对气、水相渗流变化规律的影响问题，利用孔隙网络模型，模拟计算不同颗粒组成的岩心、不同润湿性及界面张力对流体流动的影响，并对其进行深入分析。

5.1　润湿性对渗透率的影响

润湿性不仅控制着水合物沉积层中气水流体的分布,还决定了沉积层中气水流体的流动。水合物沉积层润湿性的改变,会引起相对渗透率及毛细管力的改变,进而影响水合物的开采。因此,研究水合物的学者意识到润湿性改变对多相流动影响的重要性,将润湿性作为预测水合物开采的重要影响因素之一。

5.1.1　润湿性与接触角

当多孔介质中的孔隙空间由两种或者更多流体占据时,会存在两种可能性:流体之间是互溶驱替的,或者不可互溶驱替的。在互溶驱替的情况下,流体可以完全地溶解在彼此之中,导致流体之间没有界面,流体以一定的比例相互混合在一起,作为一种流体流动。在不可互溶驱替的情况下,流体之间的界面张力造成流体之间界面的存在,一个系统中的多相流体同时流动。

在互不相溶的两相流系统中,用来将互不相溶的两相流体彼此分开的单位面积上所需要的功称为界面张力。气体和液体之间的界面张力或者能量阻碍称为表面张力。在界面张力中涉及的主要力为流体与物质(包括固体、液体、气体)之间的吸附力。图 5.1 所示为两相互不相溶的流体与固体界面之间关系的示意图。其中,固体与界面之间的接触角为 θ,σ_{sg} 是固 - 气之间的界面张力,σ_{sl} 是固 - 液之间的界面张力,σ_{gl} 是气 - 液之间的界面张力。接触角与三相界面的界面张力有关。根据 Young 公式,界面张力之间的关系为

$$\sigma_{sg} = \sigma_{sl} + \sigma_{gl}\cos\theta \tag{5.1}$$

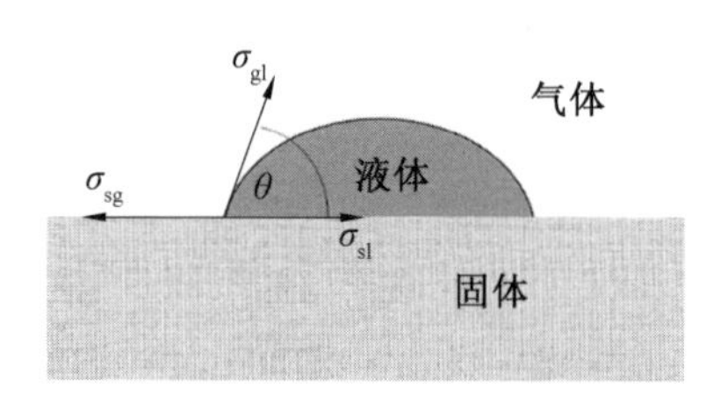

图 5.1　接触角与界面张力的关系

流体在固体表面铺展或者附着的能力称为润湿性。在孔隙级别中,润湿性由接触角 θ 决定。液滴润湿性不同,在固体表面呈现的形状也不同,液滴在固体液体接触边缘的切线与固体的夹角即为接触角,如图 5.2 所示。当接触角最小,即 0° 时,液体完全贴附于固体表面,润湿性最强;当 $90° < \theta < 180°$ 时,液体不能润湿固体,液体在固体表面得不到很好的延展,如图 5.2(a) 所示;当 $0° < \theta < 90°$ 时,液体可润湿固体表面,并在固体表面延展,θ 越小,润湿性越好,如图 5.2(b) 所示;当接触角最大,即为 180° 时,液体完全不能润湿,而是在固体表面形成小球。总体来说,润湿性可作为影响多孔介质中流体分布、流体饱和度及流体流动的重要参数之一。

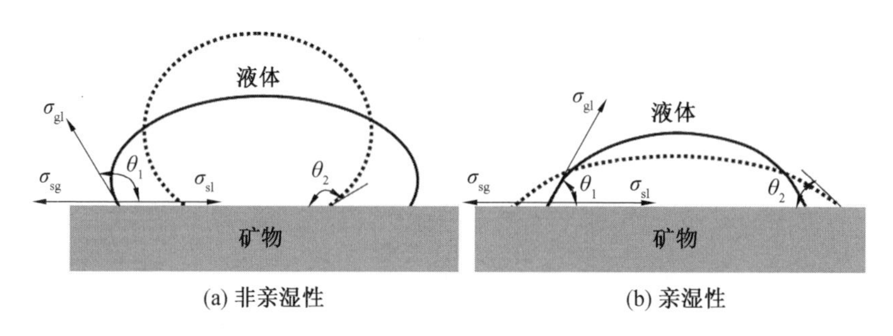

图 5.2　接触角与润湿性关系

若流体为亲湿相则倾向于贴附在固体表面,亲湿相倾向于驻留在孔隙空间中的小区域,如小孔隙、大孔隙的角隅处及较为粗糙的固体表面。相反,非亲湿相则倾向于占据孔隙空间较大区域的中央位置。附着功为

$$W_{gls} = \sigma_{gl}(1 - \cos\theta) \tag{5.2}$$

W_{gls} 也可称为气水两相中单位面积固相表面相互作用的自由能。

在多孔介质中，两相流体的接触角影响毛细管力的强度。在界面与孔隙壁之间接触角为 θ、孔隙半径为 r 的情况下，毛细管力 p_c 为

$$p_c = \frac{2\sigma}{r}\cos\theta \tag{5.3}$$

而实际情况下，在多孔介质中直接测量接触角是不切实际的。润湿性及其对流体流动现象的影响主要通过毛细管力与流体饱和度的关系进行测量。

5.1.2　润湿性均匀系统中的相对渗透率研究

相对渗透率是判断多孔介质系统中多相流体存在时，控制一种流体流动能力的直接方式。这些流动特性是受孔隙几何学、润湿性、流体分布及流体饱和度场耦合作用影响的。由于润湿性是控制流体位置、流动及空间分布的重要参数，因此润湿性很大程度上影响了相对渗透率。

为了研究润湿性对含水合物沉积层中相对渗透率的影响，本小节在粒径不同的玻璃砂中生成饱和度相同的甲烷水合物，利用CT技术得到的数字岩心、用于气水流动的孔隙空间分布及提取得到的相应孔隙网络模型，均如图4.13所示。模拟工况及流体特性参数见表4.1。整个实验系统、实验步骤及图像处理和孔隙网络模型提取过程均已在第2、3章中详细介绍。

图5.3～5.6为不同粒径下生成的水合物岩心中不同润湿性对气水两相相对渗透率的影响。图中不同线型为不同接触角下的相对渗透率曲线，其中：接触角为15°代表强润湿性系统；接触角为100°代表中性润湿性系统；接触角为155°代表强非亲湿性系统。以玻璃砂BZ04为例，在BZ04所组成的沉积层中生成甲烷水合物，得到的相对渗透率结果如图5.3所示，即随着接触角从15°增加到155°，整个系统的润湿性由强亲湿性降低至强非润湿性，这就导致了在给定的相同水饱和度下，水相相对渗透率增加，而气相相对渗透率降低。也就是说，相比于强润湿性系统，在非亲湿性系统中水相相对渗透率较高，气相相对渗透率较低。再对不同粒径下生成水合物系统中润湿性的影响进行比较，结果显示，系统润湿性的改变对系统内部气水两相相对渗透率的影响不是特别明显，但是随着

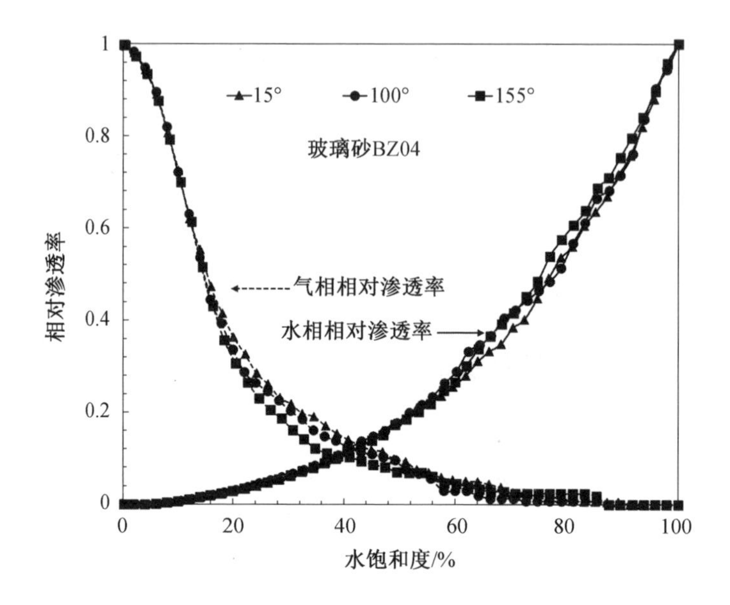

图 5.3 水合物沉积层(BZ04)润湿性对气水两相相对渗透率的影响

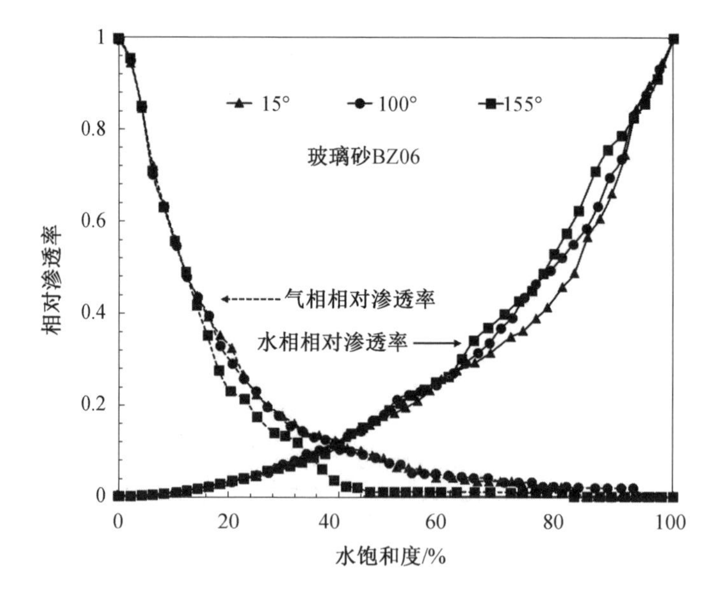

图 5.4 水合物沉积层(BZ06)润湿性对气水两相相对渗透率的影响

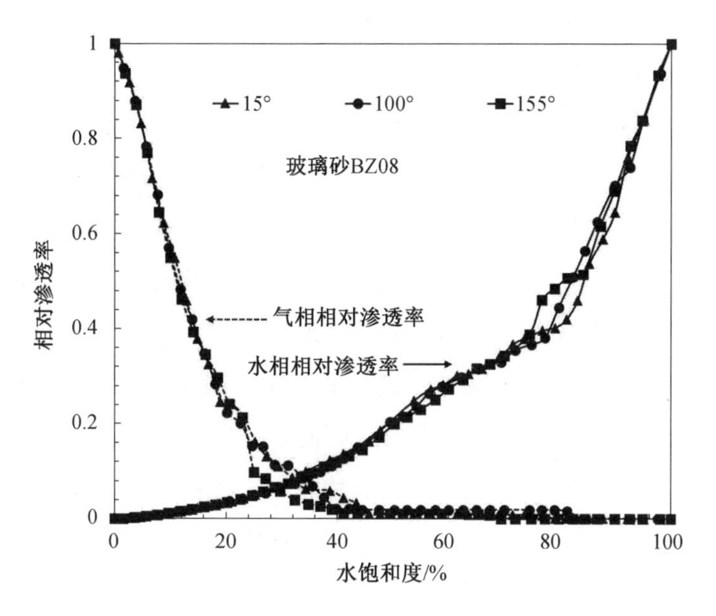

图 5.5　水合物沉积层(BZ08) 润湿性对气水两相相对渗透率的影响

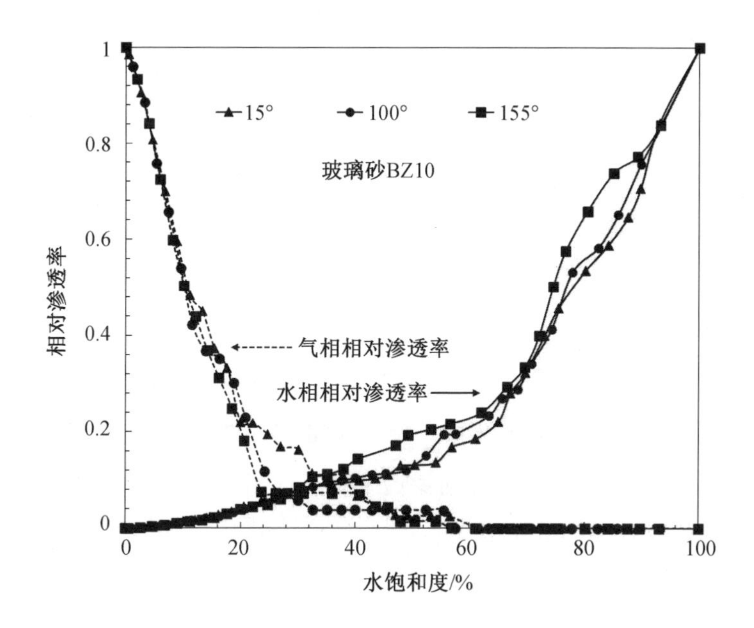

图 5.6　水合物沉积层(BZ10) 润湿性对气水两相相对渗透率的影响

玻璃砂粒径的增大，系统润湿性对气水两相相对渗透率的影响会逐渐增大，即不同接触角下的相对渗透率曲线差异增大。

在润湿性系统中（$\theta = 15°$），水相（亲湿相）倾向于吸附在固体表面，聚集在较小的孔隙空间中，并在固体表面形成一层极薄的水层；与此同时，气相（非亲湿相）就会占据孔隙空间的中央位置，并在较大的空间中更好地流动。这种流体分布是最有利的。任何位于小孔隙处的气相（非亲湿相）均会被位于大孔隙中央处的自发水相（亲湿相）驱替，因为这种驱替形式降低了整个系统的储能，使整个系统处于稳定的状态。在润湿性系统中进行水驱替，水相（亲湿相）会以相对统一的面从沉积层浸入。注入水相（亲湿相）倾向于浸入较小的或者中等的孔隙空间，推动气相（非亲湿相）进入更容易被驱替的大孔隙中。

在水相浸入的正面区，只有各相流体均沿着固有孔隙网络向前流动，部分水相才停留在孔隙当中。在该区域，气水两相均保持流动，一部分气相拥有连续的用于流动的通道，剩余的气相则被束缚在不连续的孔隙空间中。如图5.7(a)所示，在润湿性孔隙中水相驱替气相，沉积层表面更倾向于被水润湿，于是水相沿着孔隙壁面前进，驱替气相。在个别点处，连接两个残余气相所在的孔隙的喉道处，变得不稳定并容易卡段，使气相球体滞留在孔隙中央。当水相前进面经过时，绝大多数的残余气都没有动。残余气有两种基本存在形式：① 在较大孔隙空间中央的较小球型气体；② 由水相完全包裹的较大的气团蔓延在很多孔隙中。

而在非亲湿性系统中（$\theta = 155°$），固体表面更容易吸附气体，甲烷气体则会滞留在小孔隙中并在固体表面形成薄层，于是水相就在大空间内流动，气水两相流体的位置与润湿性系统中完全相反，在一些非润湿性很强的系统中，间隙水就会在沉积层孔隙中间形成分离的液滴。因此，水相相对渗透率在润湿性系统中比在非亲湿性系统中低，气相相对渗透率则呈现相反的趋势，间隙水饱和度以水滴的形态分布在孔隙空间中央。在非亲湿性系统中，水驱替并没有润湿性系统中的效率高。当水相驱替开始时，水相会形成连续的通道，或者直接进入较大的孔隙空间中央，推进气相被驱替，如图5.7(b)所示。气相被滞留在较小的空间中。当水相注入继续时，水相则会浸入较小的空间形成更多连通的通道，束缚水

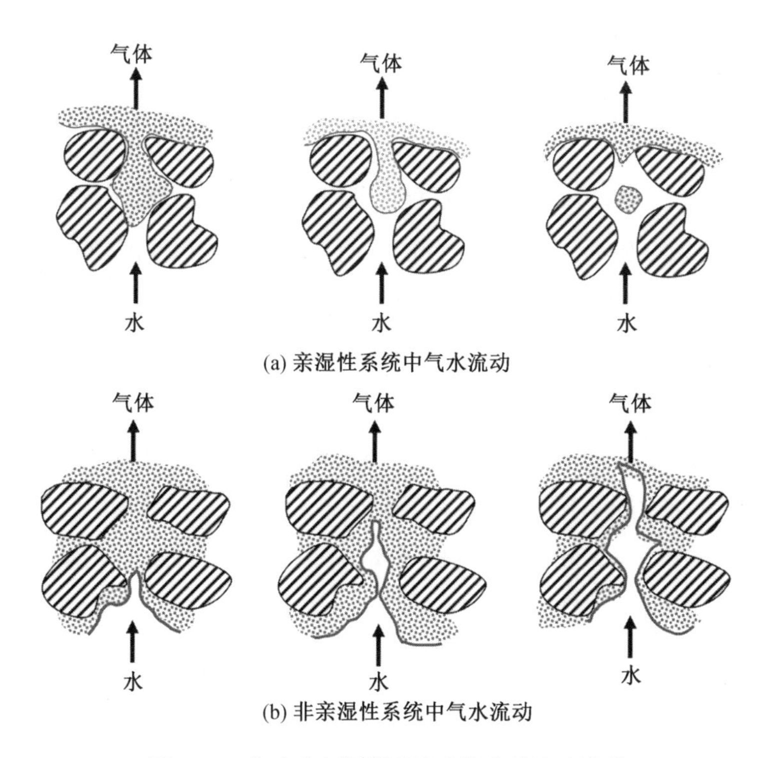

图 5.7　气水在不同润湿性系统中的流动情况

则会逐渐增多。当充足的填充水流过通道使束缚水连通并流动时，气相的流动实际上就停止了。残余气有 3 种存在形式：① 填充较小的孔隙；② 作为连续的片层覆盖孔隙表面；③ 形成由水包裹的较大的气囊。

这一现象也可以利用式(5.2)来解释：θ 增大，W_{gls} 也随之增大，也就是说，随着系统的润湿性减弱，气体的附着功增大，气体的流动性减弱，气相相对渗透率随之下降，水相相对渗透率升高；反之亦然。

5.1.3　润湿性不均匀系统中的渗流特性研究

1. 润湿性不均匀系统中的相对渗透率

由于许多天然岩心具有非均质的润湿性，即孔隙空间中有部分具有润湿性，另一部分具有非润湿性，因此本小节在 5.1.2 节的基础上，研究水合物沉积层中润湿性不均匀及连通性的影响。本小节在粒径不同的玻璃砂中生成饱和度相同的甲烷水合物,利用 CT 技术得到的数字岩心、用于气水流动的孔隙空间分布及提取得到的相应孔隙网络模型,均如图 4.13 所示。模拟工况及流体特性参数见表 4.3。整个实验系统、实验步骤及图像处理和孔隙网络模型提取过程均已在第 2、3 章中详细介绍。由于本小节中水合物沉积层系统中润湿性不均匀,因此假设孔隙空间中非亲湿相部分占孔隙空间的比例为 f,于是孔隙空间中湿相部分占孔隙空间的比例为 $1-f$。本小节研究了五种润湿性分布:$f=0$(强亲湿性系统)、$f=0.25$、$f=0.5$、$f=0.75$ 及 $f=1$(强非亲湿性系统)。另外,作为影响流动特性的重要因素,孔隙网络的连通性由配位数决定。

图 5.8 是在强亲湿性系统($f=0$)中,不同粒径生成水合物的岩心内部气水两相相对渗透率曲线,不同曲线代表相同润湿性系统中,不同粒径水合物岩心的气/水相对渗透率。在相同水饱和度的情况下,水相相对渗透率随着粒径的增大而逐渐升高;气相相对渗透率随着粒径的增大而逐渐降低。正如预期一样,水相滞留在小空间,导致水相的相对渗透率较低,在驱替结束时,气相由于卡段效应滞留在较大的孔隙中央。由于水相并不阻塞气体流动,只是微弱地影响其流动,所以气相相对渗透率相对较高。在连通性较差的水合物岩心,如 BZ10(平均配位数为 6.57)中,水合物沉积层中高达 60% 的甲烷气体被滞留于孔隙空间中。

当水合物沉积层中非润湿性部分所占比例为 25% 时(图 5.9),这一小部分非润湿性趋向于提高气相束缚量,尤其是在连通性较差的孔隙网络中。水相连通性随之减弱,水相相对渗透率总体上比强亲湿性系统中的低(图 5.8)。在孔隙级别的流动中受毛细管力的影响,处于小孔隙且连通性较差的润湿性区域先被填充,这些润湿性区域围绕着非润湿性孔隙,于是非润湿性部分被夹在中间不能被驱替,在注水浸入时,处于非润湿性部分的就不能被驱替,因此相对于图 5.8 中的残余气饱和度,图 5.9 中的更高。同样,在连通性较差的水合物岩心,如 BZ10(平均配位数为 6.57)中,水合物沉积层中高达 50% 的甲烷气体被滞留于孔隙空间中。在连通性较好的水合物岩心,如 BZ01(平均配位数为 10.31,用于气体流动的通道更多)中,气相相对渗透率比相同工况下不同连通性的岩心对应的

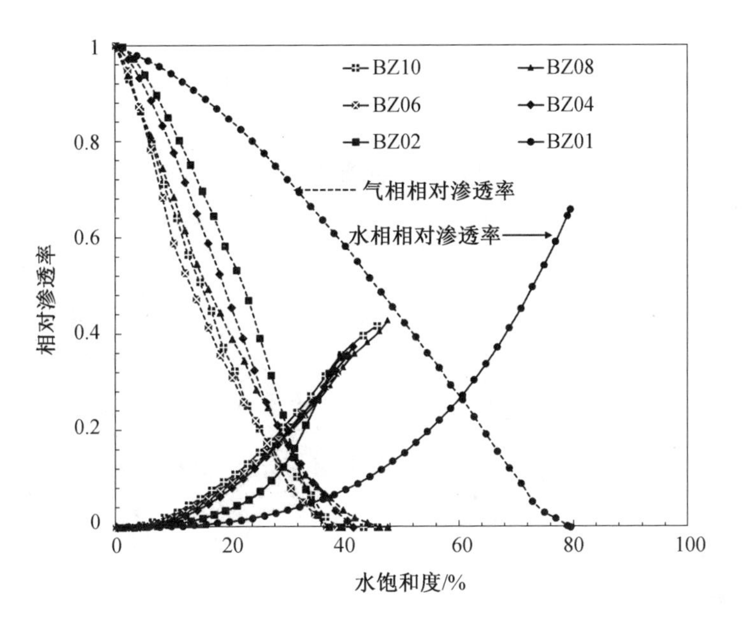

图 5.8 强亲湿性系统中气水两相相对渗透率

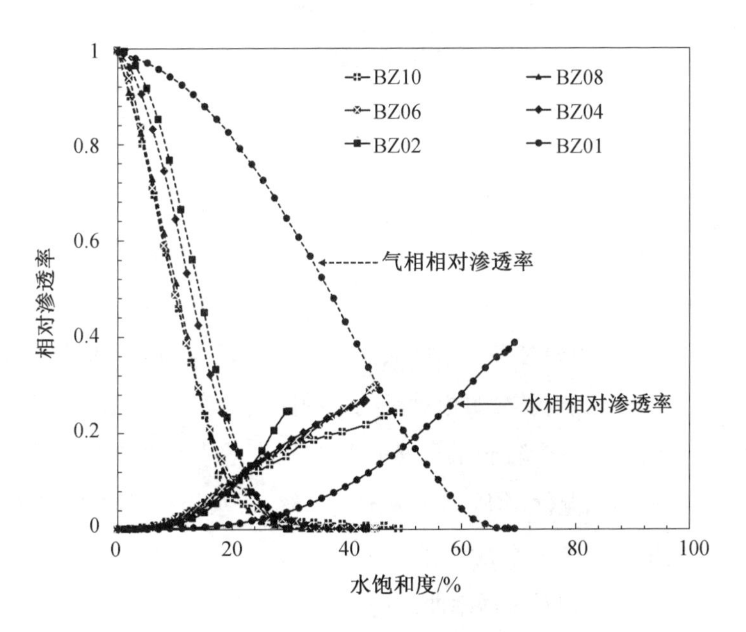

图 5.9 润湿性 $f = 0.25$ 系统中气水两相相对渗透率

相对渗透率都高，残余气饱和度也都更低，低至36%，相比于图5.8中的残余气饱和度较大，也印证了水合物沉积层中存在小部分非润湿性会提高残余气饱和度的结论。

图5.10为水合物沉积层润湿性和非润湿性比例各占一半时，水合物沉积层内部气水两相相对渗透率的情况。

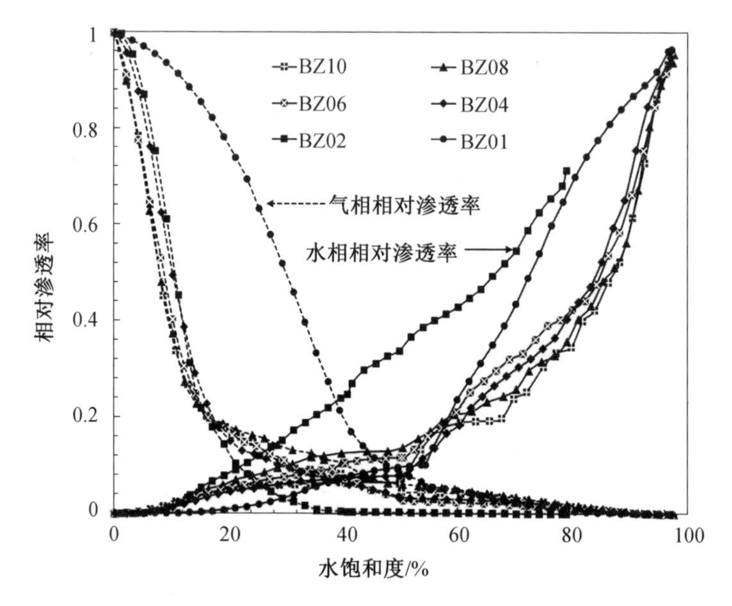

图5.10　润湿性$f=0.5$系统中气水两相相对渗透率

当水合物沉积层中非润湿性所占的比例达到75%时(图5.11)，由于驱替过程中气相仍保持连通，因此残余气饱和度非常低。水相在水合物沉积层中央区域，便于流动，于是水相相对渗透率增大。当整个系统均为非润湿性($f=1$)时，如图5.12所示，得到的气水两相相对渗透率的曲线与$f=0.75$系统相似：得到非常低的残余气饱和度、一个较长的驱替过程和较高的水相相对渗透率终点。在相同水饱和度、相同润湿性(均匀非润湿性)系统下，水相相对渗透率随着粒径的增大而降低，气相相对渗透率则随着粒径的增大而升高。该现象与均匀润湿性系统情况下，气水两相相对渗透率曲线的表现完全相反。

图5.13所示为不同粒径生成水合物沉积层系统中润湿性占比与残余气饱和

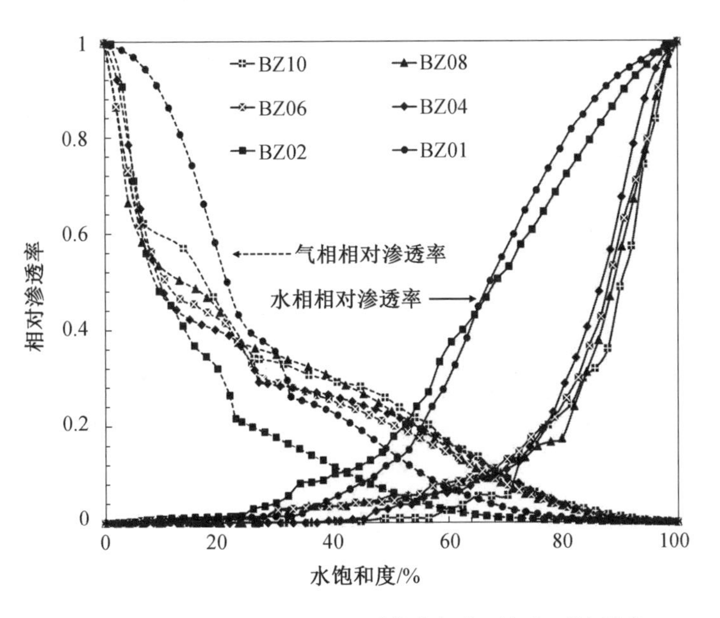

图 5.11　润湿性 f = 0.75 系统中气水两相相对渗透率

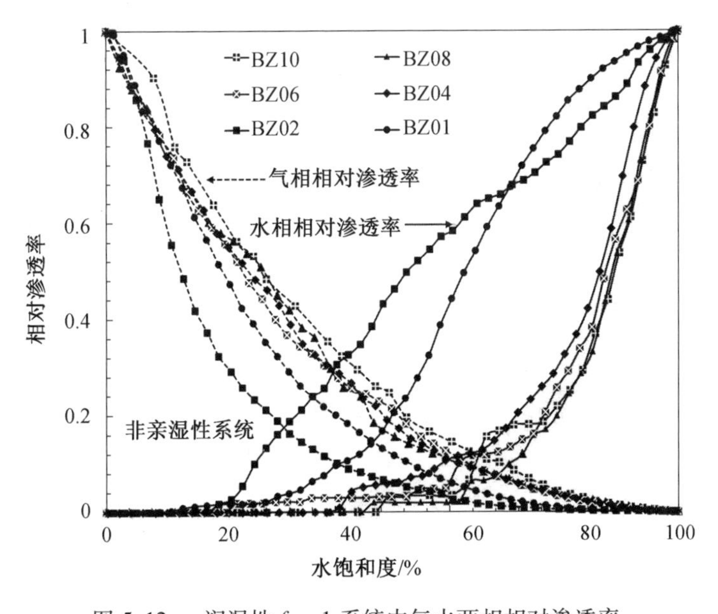

图 5.12　润湿性 f = 1 系统中气水两相相对渗透率

度之间的关系。由图 5.13 可知，非润湿性在水合物沉积层系统中所占的比例越大，尽管气体流动较慢，但仍处于连通状态，越促进气相的流动，残余气饱和度越低。在相同润湿性比例的情况下，连通性好（配位数大：BZ01）的水合物沉积层系统的残余气饱和度总是最低的。

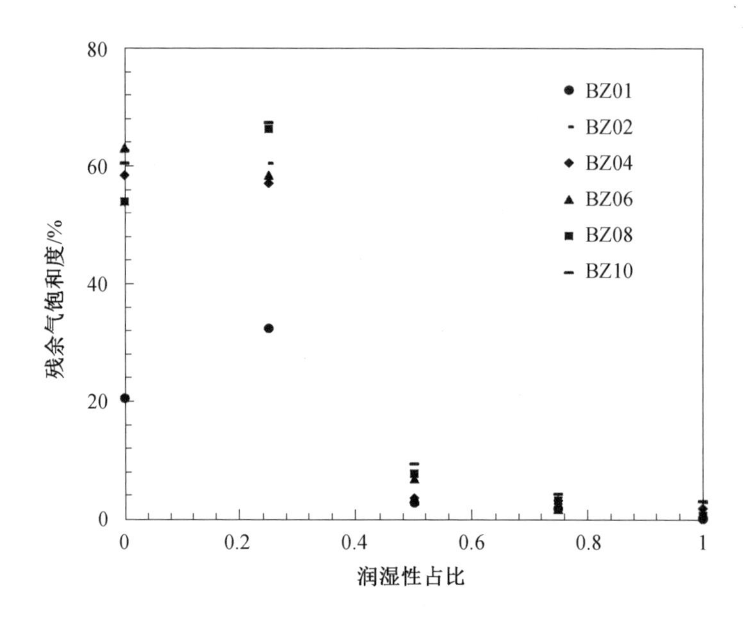

图 5.13　不同粒径下润湿性占比与残余气饱和度的关系

2. 润湿性不均匀系统中的毛细管力

当 $f=0$，系统为强润湿性时，毛细管力最初具有很高的正值，之后以极快的速度降低，并逐渐降为0。如图5.14 所示，当系统拥有相同的润湿性时，在水饱和度相同的情况下，系统的孔隙度增大，会导致系统内部的毛细管力降低。这是由于水合物沉积层的孔隙度减小了孔隙空间的体积，同时也减小了等价孔隙网络模型中的平均孔隙和喉道半径，毛细管力又与平均孔隙、喉道半径有关，即平均孔隙、喉道半径的增大会使毛细管力减小。

当水合物沉积层中非润湿性比例为 25% 时（图 5.15），这一小部分非润湿性趋向于提高残余气饱和度，尤其是在连通性较差的孔隙网络中。水相连通性随之减弱。在毛细管力为正值时，毛细管力的变化趋势与图 5.14 相似，也就是说毛

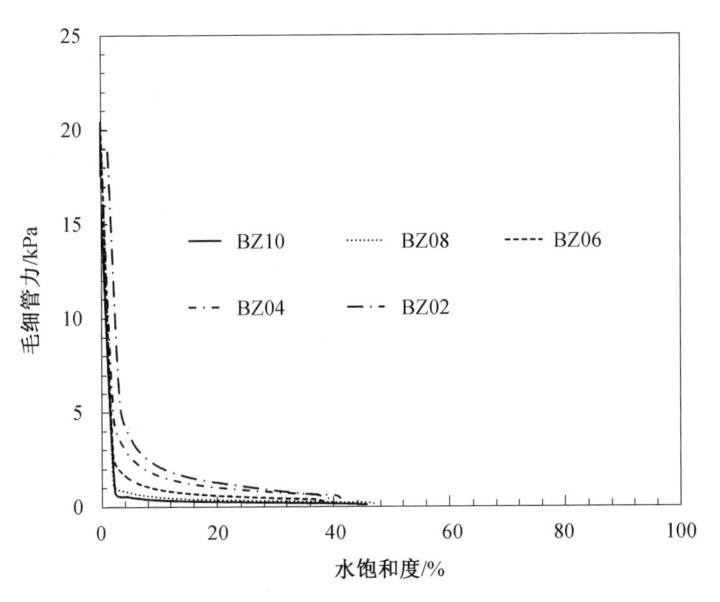

图 5.14　不同粒径组成的水合物沉积层中,系统润湿性($f = 0$) 对毛细管力的影响

细管力曲线会随着粒径的增大而降低。随后毛细管力由零缓慢下降至负值,直到最后达到最高的负值。在粒径较小的水合物沉积层中,低水饱和度处毛细管力最先降低。

图5.16 ~ 5.18 所示为$f = 0.5$、0.75 和1 的情况下的毛细管力曲线。所有正值部分均与$f = 0$时的毛细管力曲线相似,而所有负值部分也都与$f = 0.25$时的毛细管力曲线相似。但是,在毛细管力降低为最大负值的期间有个吸入过程发生。f越大,这一平稳的吸入过程持续得就越长,这是由于在水相自发浸入之后,孔隙网络中非润湿性孔隙、喉道连通部分就会出现气相驱动力。在连通性较好(配位数较大)的水合物沉积层中,存在一个气相相对渗透率较低的区域,但气相并未滞留,仍连通并始终缓慢流动。当非润湿性部分更多地占据整个系统时,毛细管力与x轴交叉点的值就会越小,即此时对应的水饱和度越小。f值越大,系统的非润湿性越强,对气体的吸附和束缚越强,使得孔隙空间中央可提供给水相流动。因此,在非润湿性系统中水饱和度低时,水相十分容易浸入。另外,当毛细

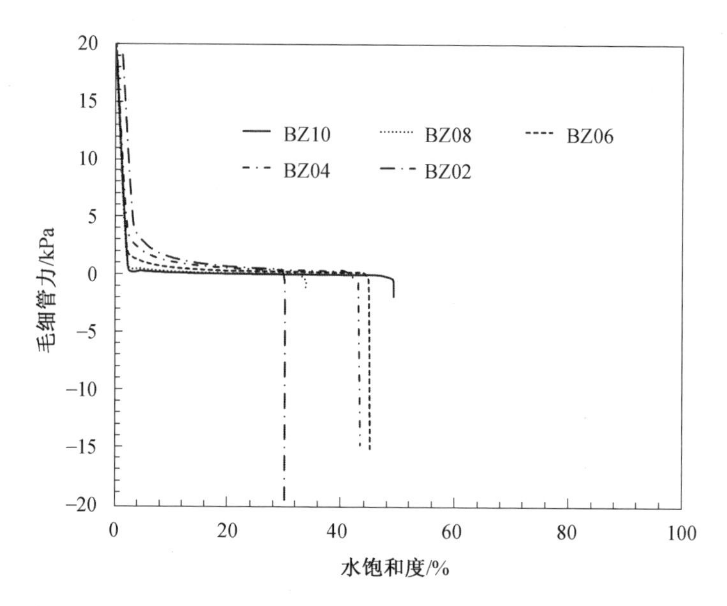

图 5.15 不同粒径组成的水合物沉积层中，系统润湿性(f = 0.25)对毛细管力的影响

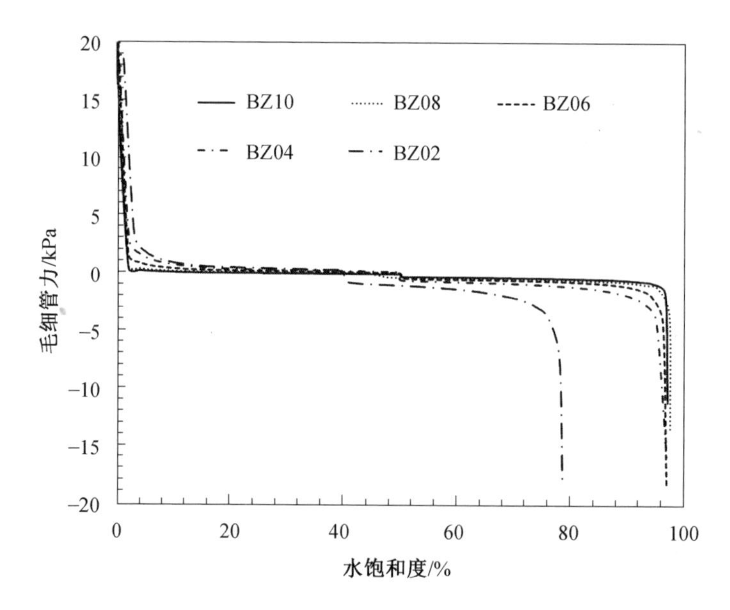

图 5.16 不同粒径组成的水合物沉积层中，系统润湿性(f = 0.5)对毛细管力的影响

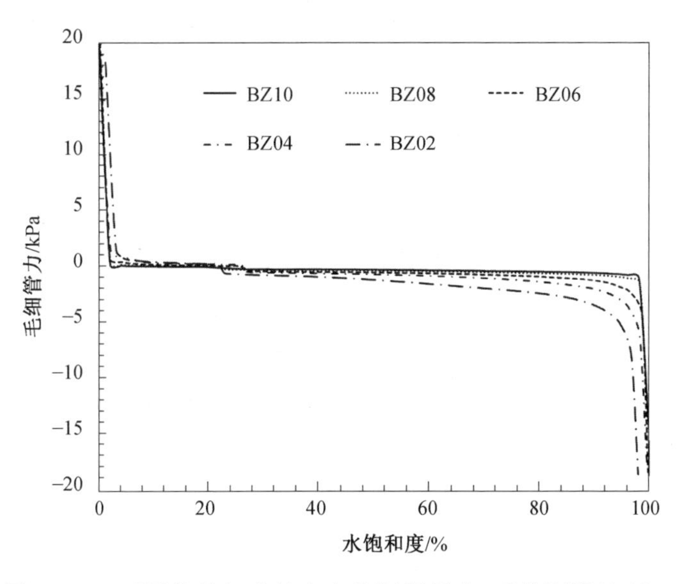

图 5.17　不同粒径组成的水合物沉积层中，系统润湿性(f = 0.75) 对毛细管力的影响

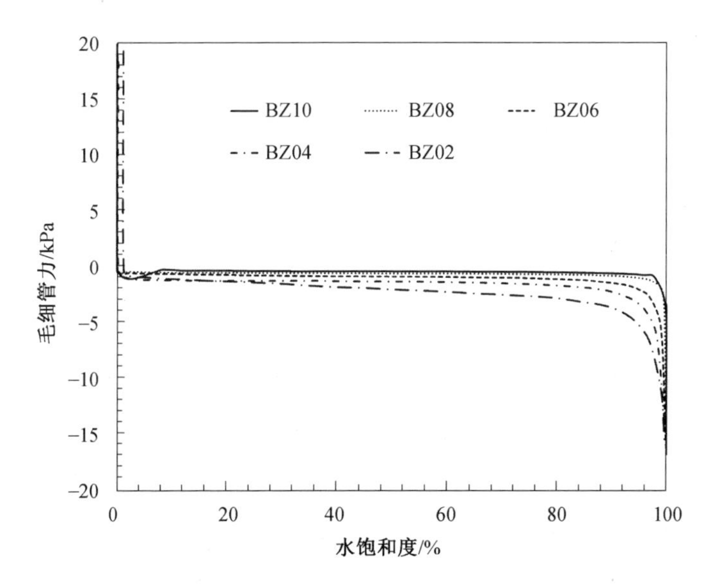

图 5.18　不同粒径组成的水合物沉积层中，系统润湿性(f = 1) 对毛细管力的影响

管力为负值时，系统中水相的压力比气相压力要大，更促进水相在水合物岩心中的流动和驱替，当气相饱和度降低时，气相逐渐失去连通性。与此同时，毛细管力数值在负值上不断增大，直到最后达到与横坐标垂直。

5.2 界面张力对渗透率的影响

在流体驱替的过程中，类似气水两相相对渗透率、残余饱和度、毛细管力等相关特性，均取决于其他特性，如驱替流体与被驱替流体之间的界面张力。在水合物沉积层中，气水两相的流动情况、相对渗透率、流动过程中的毛细管力及最终的残余气饱和度和束缚水饱和度均与气水两相之间的界面张力有密切的关系。因此本小节针对界面张力对气水两相渗透率的影响进行深入研究。

5.2.1 界面张力

在气液两相系统中，液相分子之间的引力比气相分子之间的引力要大，因此，作用于界面层的分子合成力的方向是指向液相的。由于分子力场的不平衡，在界面处的分子存在过多的表面自由能（或称为表面势能），因此，单位面积的表面自由能也被称为界面张力，常用 σ 来表示，即

$$\sigma = R/S \tag{5.4}$$

式中 R—— 总的表面自由能；

S—— 表面积。

界面张力的单位为 J/m^2，也可转化为 N/m，但由于该单位过大，通常使用 mN/m。

在两相非互溶相中均可出现界面张力现象。在储层中，油水、油气、水气、油岩及气岩之间均会出现界面张力，但只有前三种的界面张力可以通过实验测得。

通常气液之间的互溶性会随着压力的升高而增强，因此气 - 液界面的界面张力会随着压力的增大而减小。而分子力随着温度的升高而减弱，因此界面张

力相应减小。

5.2.2　水合物沉积层的孔隙网络模型提取

在界面张力对渗透率的影响的研究中，采用了两种类型的砂岩合成沉积层，每种类型的砂岩又分两种尺寸，共四组砂岩，分别为形状相同、大小不同的玻璃砂（BZ04 和 BZ10），以及颗粒形状不同、尺寸也不同的石英砂（SYⅠ 和 SYⅡ）。在四组工况下生成甲烷水合物并进行实验和模拟（其中所有工况下生成的水合物饱和度均维持在 22% 左右，避免水合物饱和度的差异对研究结果的影响），待水合物完全生成并稳定后使用 CT 对不同饱和度的水合物沉积层样品进行扫描（扫描时 CT 所设置的参数见 2.2 节）。得到水合物沉积层各个片层的 CT 图像，接下来将各个片层导入 ImageJ 图像软件中，剪裁得到像素为 250 × 250 × 250 的岩心片层图像，经过三维图像重构得到立体的水合物沉积层结构。经过对比度、亮度调节，中值过滤，去噪，阈值分割，VG Studio Max 识别等处理后得到玻璃砂、甲烷气体、水和甲烷水合物四相组分。在四组工况下计算得到对应的气水两相的密度、黏度及气水之间的界面张力，见表 5.1。

表 5.1　模拟工况及流体特性参数

工况	参数	数值
温度:0.2 ℃ 压力:5.6 MPa	水密度 /($kg \cdot m^{-3}$)	999.80
	水黏度 /($Pa \cdot s$)	1.77×10^{-3}
	甲烷密度 /($kg \cdot m^{-3}$)	45.41
	甲烷黏度 /($Pa \cdot s$)	1.15×10^{-5}
	界面张力 /($mN \cdot m^{-1}$)	34.33
温度:2 ℃ 压力:6 MPa	水密度 /($kg \cdot m^{-3}$)	999.89
	水黏度 /($Pa \cdot s$)	1.66×10^{-3}
	甲烷密度 /($kg \cdot m^{-3}$)	48.62
	甲烷黏度 /($Pa \cdot s$)	1.17×10^{-5}
	界面张力 /($mN \cdot m^{-1}$)	69.01

续表5.1

工况	参数	数值
温度:2 ℃ 压力:9 MPa	水密度/($kg \cdot m^{-3}$)	999.89
	水黏度/($Pa \cdot s$)	1.66×10^{-3}
	甲烷密度/($kg \cdot m^{-3}$)	78.18
	甲烷黏度/($Pa \cdot s$)	1.31×10^{-5}
	界面张力/($mN \cdot m^{-1}$)	65.71
温度:13.85 ℃ 压力:13.9 MPa	水密度/($kg \cdot m^{-3}$)	999.22
	水黏度/($Pa \cdot s$)	1.17×10^{-3}
	甲烷密度/($kg \cdot m^{-3}$)	122.50
	甲烷黏度/($Pa \cdot s$)	1.63×10^{-5}
	界面张力/($mN \cdot m^{-1}$)	72.74

图5.19(a)为水合物沉积层骨架结构的三维CT图像,这里的骨架结构包括水合物及砂岩组成的水合物沉积层。从图中可以看出,粒径大的砂岩生成水合物后用于流体流动的孔隙空间较大,而粒径较小的砂岩组成的沉积层生成水合物后用于气水流动的孔隙空间较小。将图5.19(a)的骨架结构剔除,得到用于气水流动的孔隙空间,如图5.19(b)所示。图5.19(b)就是将水合物沉积层中用于流体流动的孔隙空间整个提取出来作为孔隙网络模型的基础。图5.19(c)为用于气水两相渗流特性计算的孔隙网络模型,其中:球体为孔隙,是水合物沉积层用于流体流动的较大空间;直杆为喉道,是连接两个较大孔隙空间的连通通道。根据孔隙网络模型的孔隙、喉道半径及分布可以直观地得到结论:玻璃砂粒径越小,孔隙、喉道分布越密集,平均孔隙、喉道半径越小。孔隙和喉道均具有孔隙网络模型的大量信息。孔隙网络模型是一种不用破坏原岩心就可准确预测其中流体流动特性的方法。由于砂岩和生成水合物的分布均具有随机性,因此等价拓扑的孔隙和喉道也具有随机性。

四种砂岩样品具有不同的孔隙空间分布,利用石英砂生成的水合物岩心的孔隙、喉道半径分布是类似锯齿的双峰分布,如图5.20和图5.21所示;利用玻璃砂生成的水合物岩心的孔隙、喉道半径分布是类似钉子的单峰分布,如图5.22和

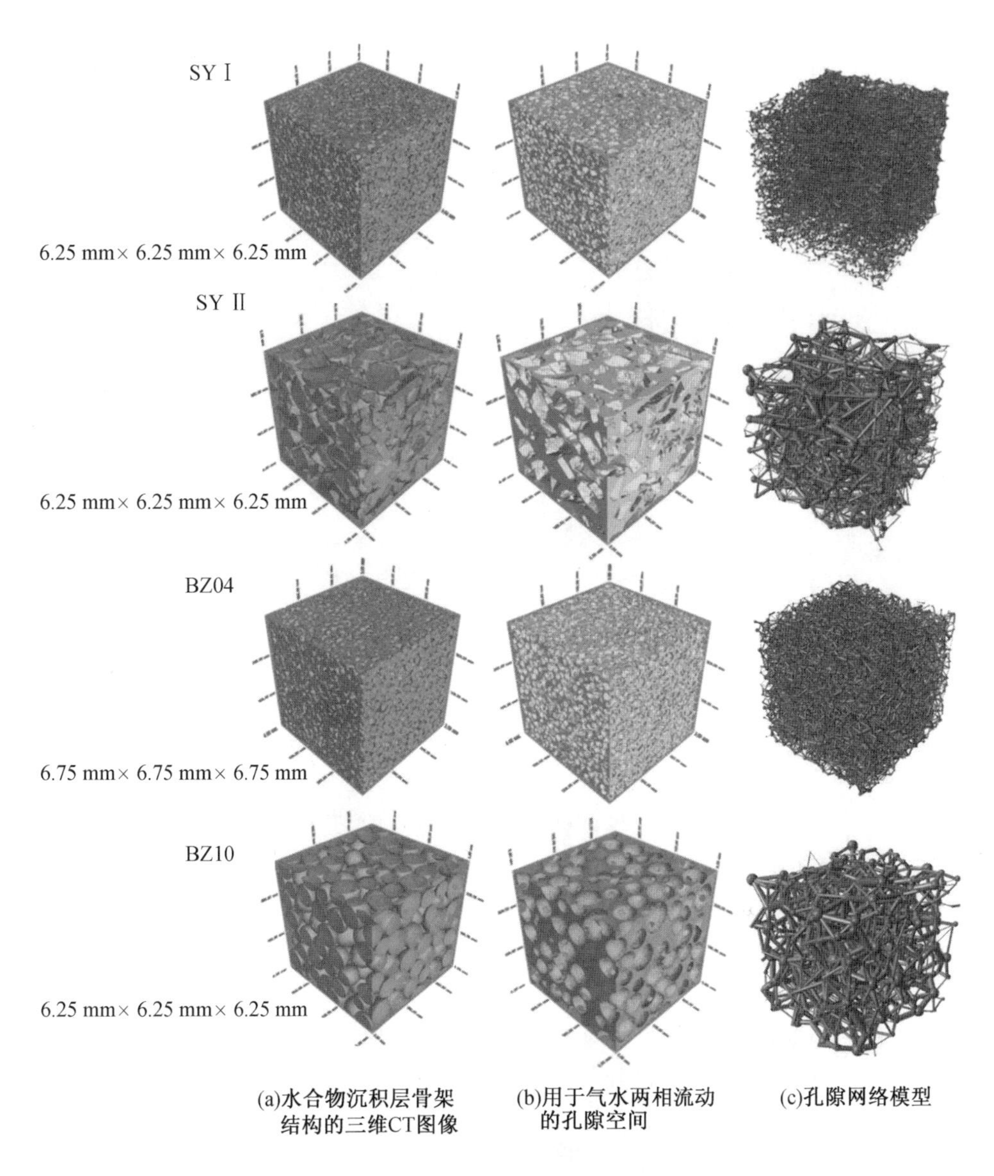

图 5.19　孔隙网络模型提取

图5.23 所示。通常,由于玻璃砂的形状基本一致,提取出的孔隙网络模型较为规则,得到的平均孔隙、喉道半径分布也是较为简单的单峰分布;而石英砂的颗粒形状完全不同,所以利用石英砂生成的水合物岩心的孔隙、喉道半径分布较为复杂。

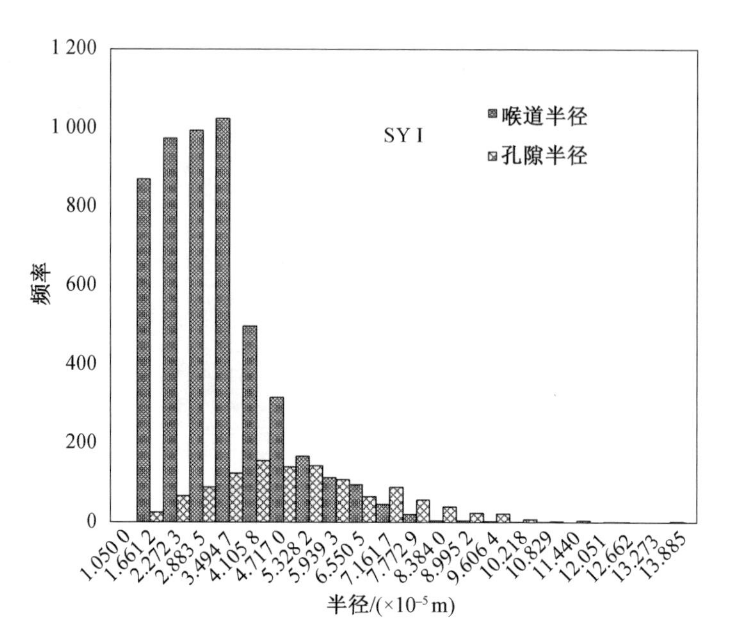

图 5.20　SY Ⅰ 砂石组成水合物沉积层平均孔隙、喉道半径分布

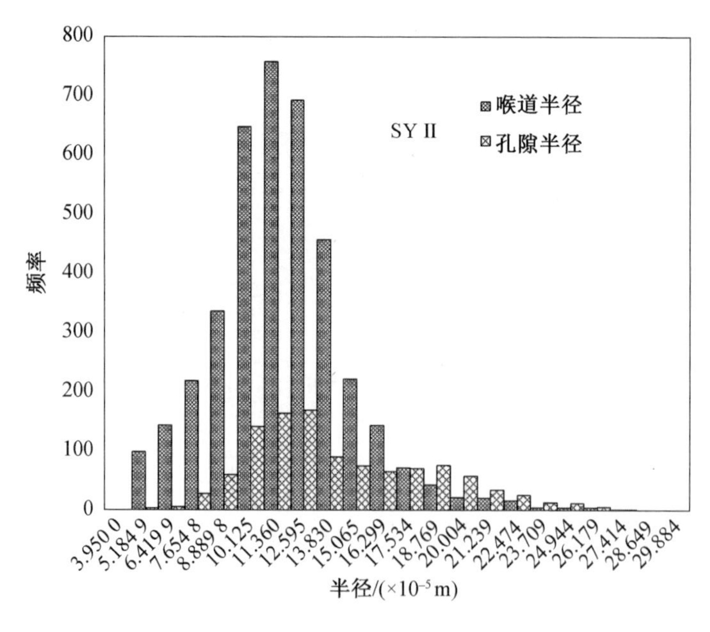

图 5.21　SY Ⅱ 砂石组成水合物沉积层平均孔隙、喉道半径分布

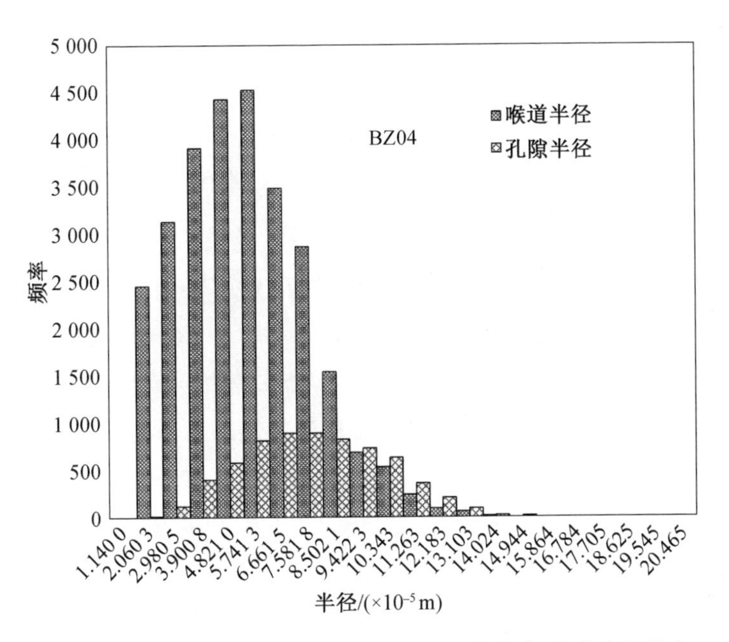

图 5.22　BZ04 砂石组成水合物沉积层平均孔隙、喉道半径分布

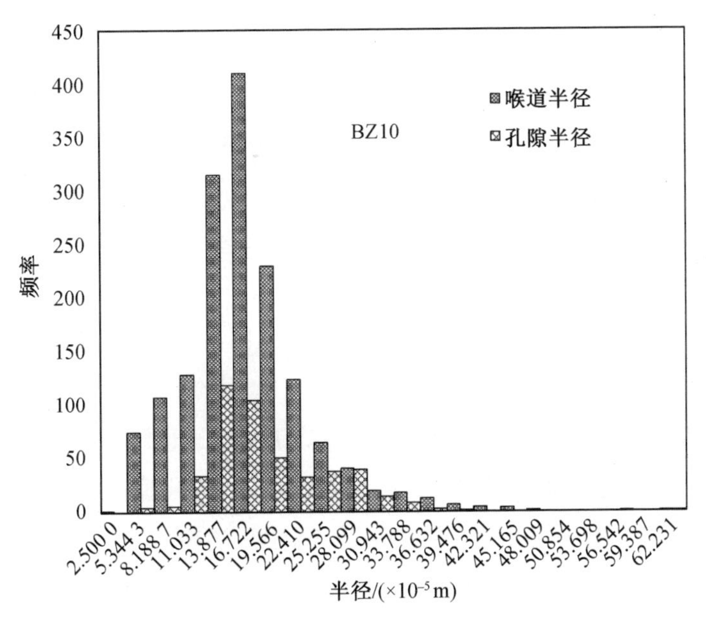

图 5.23　BZ10 砂石组成水合物沉积层平均孔隙、喉道半径分布

准确计算四种砂岩样品的孔隙度、平均孔隙半径、平均喉道半径与孔喉比，见表5.2。由表5.2可知，四种砂岩样品的孔隙度范围是7.73% ~ 36.93%，平均孔隙半径范围是 $4.87 \times 10^{-5} \sim 19.03 \times 10^{-5}$ m，平均喉道半径范围为 $1.83 \times 10^{-5} \sim 8.54 \times 10^{-5}$ m。在同类型砂岩样品中，与预期相同，孔隙度与平均孔隙、喉道半径有着直接的联系，即较大的平均孔隙、喉道半径会得到较大的孔隙度。在不同类型砂岩的样品比较中，发现孔隙度与平均孔隙、喉道半径没有直接关系。例如，样品 SYⅡ 的孔隙度比样品 BZ04 的孔隙度小，但是样品 SYⅡ 的平均孔隙、喉道半径却比样品 BZ04 的大。因此，孔隙度是孔隙空间体积的一种度量，而不是孔隙大小和分布的评判标准。影响宏观渗流特性的本质是微观的孔隙和喉道半径参数。

表5.2　利用孔隙网络模型计算的在不同颗粒中生成的水合物岩心孔隙特性参数

颗粒类型	孔隙度/%	平均孔隙半径/($\times 10^{-5}$ m)	平均喉道半径/($\times 10^{-5}$ m)	孔喉比	绝对渗透率/μm^2
SYⅠ	7.73	4.87	1.83	2.67	5
SYⅡ	23.56	19.03	8.54	2.23	1 191
BZ04	30.17	7.29	3.17	2.30	112
BZ10	36.93	17.39	6.45	2.69	790

5.2.3　渗流特性研究

1. 绝对渗透率与相对渗透率

在不同工况下，利用孔隙网络模型计算得到四个水合物岩心样品的绝对渗透率值见表5.2。通过样品 SYⅠ 与样品 SYⅡ 之间的对比及样品 BZ04 与样品 BZ10 之间的对比可以发现：由相同类型砂岩组成的沉积层生成的含水合物样品中，孔隙度与样品绝对渗透率的变化趋势是一致的，即孔隙度越大，对应的绝对渗透率就越大；同样，平均孔隙、喉道半径与绝对渗透率的变化趋势也是一致的，即平均孔隙、喉道半径越大，对应的绝对渗透率就越大。但是，在样品 SYⅡ 与样品 BZ04 的数据对比中可以发现，孔隙度与样品绝对渗透率的变化趋势是完全相反的，而绝对渗透率依然随着平均孔隙、喉道半径的增大而升高。因此，绝对渗

透率变化与平均孔隙、喉道半径有着密不可分的正相关关系，影响水合物沉积层绝对渗透率的本质因素是微观尺度上的平均孔隙和喉道半径，而不是宏观层面的孔隙度。

图 5.24 ~ 5.27 为四种样品中不同界面张力下气水两相相对渗透率，不同线型代表不同的气水表面界面张力。由图可知，随着水相的饱和度升高，水相的相对渗透率曲线也随之增加，气相的相对渗透率曲线则随之降低。在研究界面张力对相对渗透率影响的过程中，观察到气水两相相对渗透率呈现以下几种现象：气水两相相对渗透率均存在典型的滞后现象，并且气相(非亲湿相)滞后的情况比水相(亲湿相)更大。与预期相同，相同水饱和度情况下，界面张力的增大使得气水两相相对渗透率均有所降低，水相相对渗透率降低得更明显，而且粒径大的水合物岩心样品中界面张力的影响效果更加突出。以样品 SY Ⅰ 为例(图 5.24)，无论从图 5.19 或者从表 5.2 都可知 SY Ⅰ 十分致密，平均孔隙、喉道半径均很小，因此该样品中气相与水相之间的界面张力对气水两相相对渗透率的影响并不是非常明显。沉积层中流体的界面张力会使流体在孔隙空间不连通，从而导致流

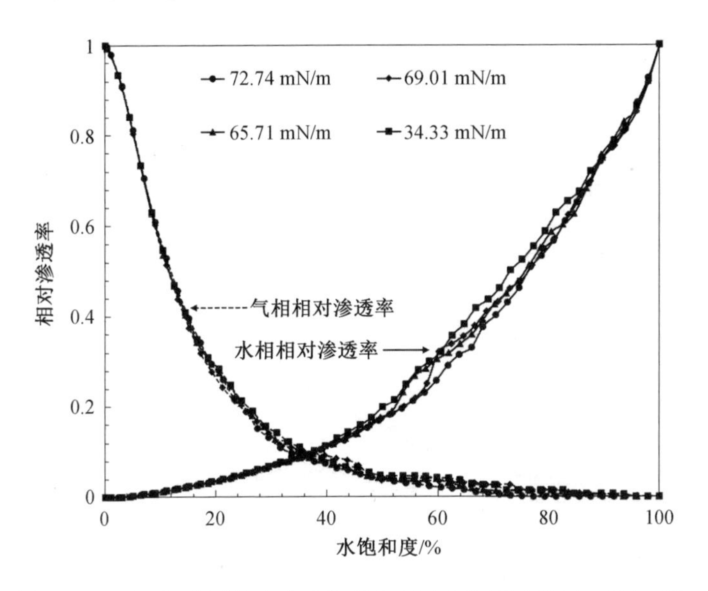

图 5.24　SY Ⅰ 砂石组成水合物沉积层内不同界面张力下气水两相相对渗透率

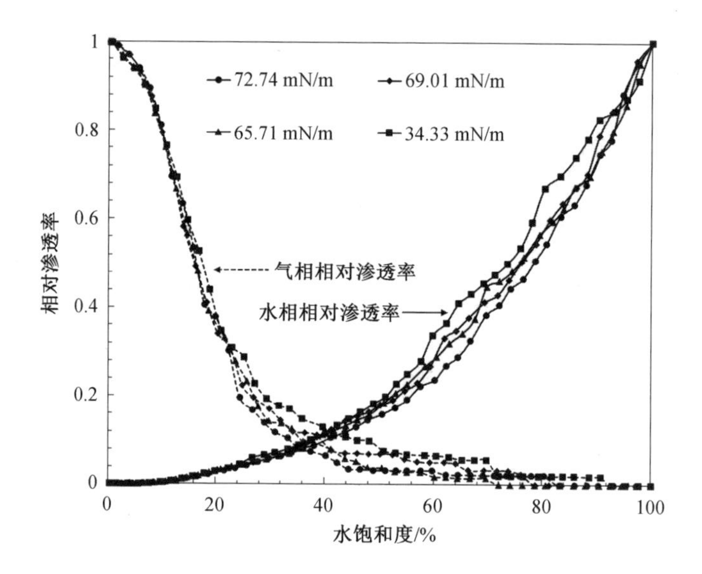

图 5.25　SYⅡ 砂石组成水合物沉积层内不同界面张力下气水两相相对渗透率

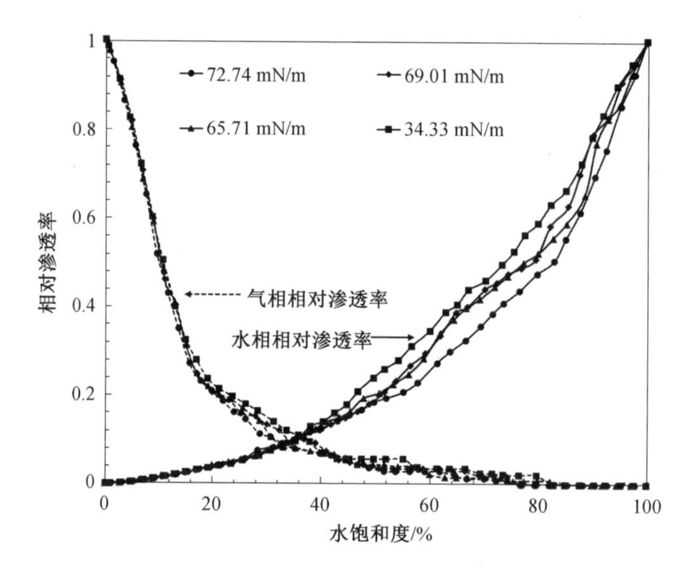

图 5.26　BZ04 砂石组成水合物沉积层内不同界面张力下气水两相相对渗透率

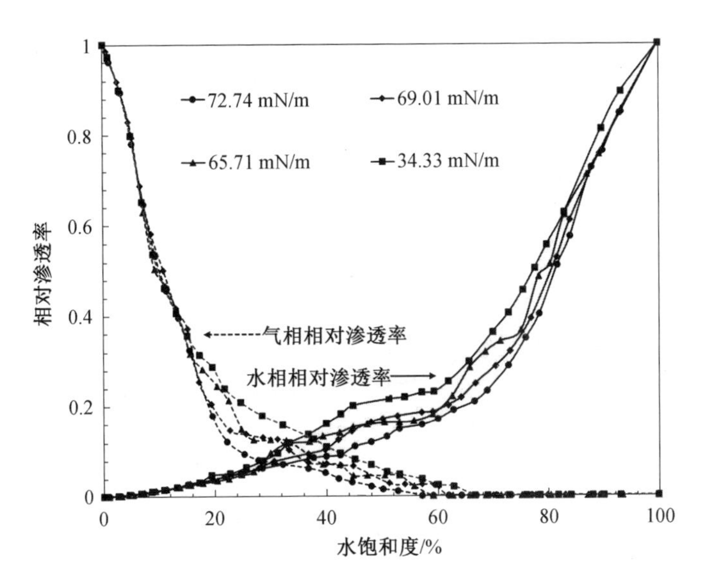

图 5.27　BZ10 砂石组成水合物沉积层内不同界面张力下气水两相相对渗透率

动路线不连续。因此,较大的界面张力会降低气水两相的相对渗透率。

在 Corey 模型 $k_{rw}=\left(\dfrac{\dfrac{S_w}{S_w+S_g}-S_{wr}}{1-S_{wr}-S_{gr}}\right)^{n_w}$ 和 $k_{rg}=\left(\dfrac{\dfrac{S_w}{S_w+S_g}-S_{wr}}{1-S_{wr}-S_{gr}}\right)^{n_g}$ 中,n_w 和 n_g 分别为控制水相和气相的相对渗透率参数,在甲烷水合物分解过程中控制气水流速、影响对流传热。从 Corey 模型可以看出,n_w 和 n_g 数值降低会增大气水两相的相对渗透率。另外,n_w 和 n_g 与亲湿相和非亲湿相之间的界面张力呈正相关性,即界面张力的增大会使得 n_w 和 n_g 同样增大。因此,甲烷气体与水相之间的界面张力与气水两相的相对渗透率存在反相关性,即随着界面张力的升高,气水两相相对渗透率会降低。该变化趋势与本节研究结果一致,从而验证了该研究中气水两相之间的界面张力对气水两相相对渗透率影响的准确性。

2. 毛细管力计算

图 5.28 ~ 5.31 为不同界面张力下毛细管力的变化,图中不同线型代表水合物沉积层气水两相之间的界面张力不同。由图可知,不同孔隙度下的毛细管力均以缓慢的速度平稳升高,直到水饱和度在某处出现明显的拐点,从该拐点处开

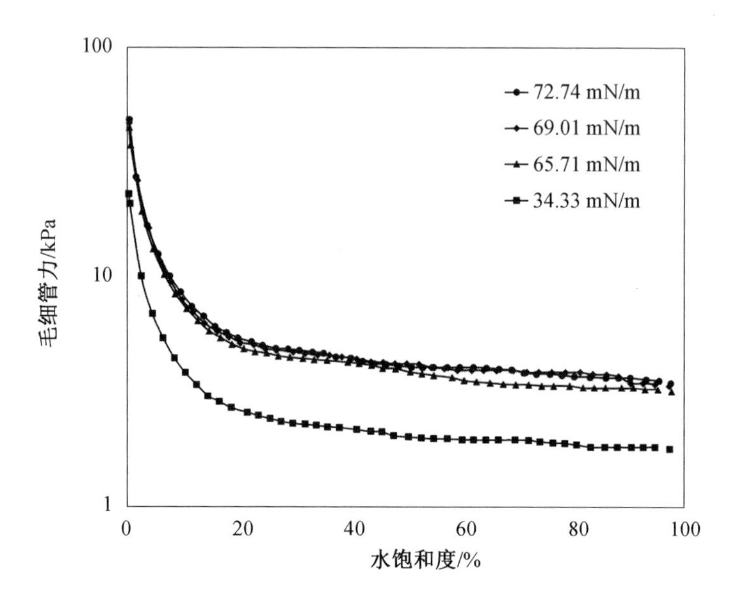

图 5.28　SYⅠ 砂石组成水合物沉积层内不同界面张力下毛细管力的变化

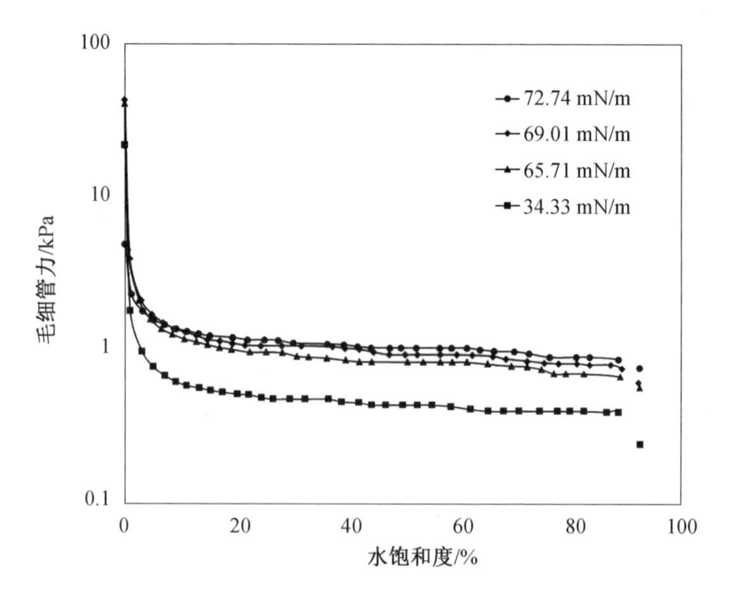

图 5.29　SYⅡ 砂石组成水合物沉积层内不同界面张力下毛细管力的变化

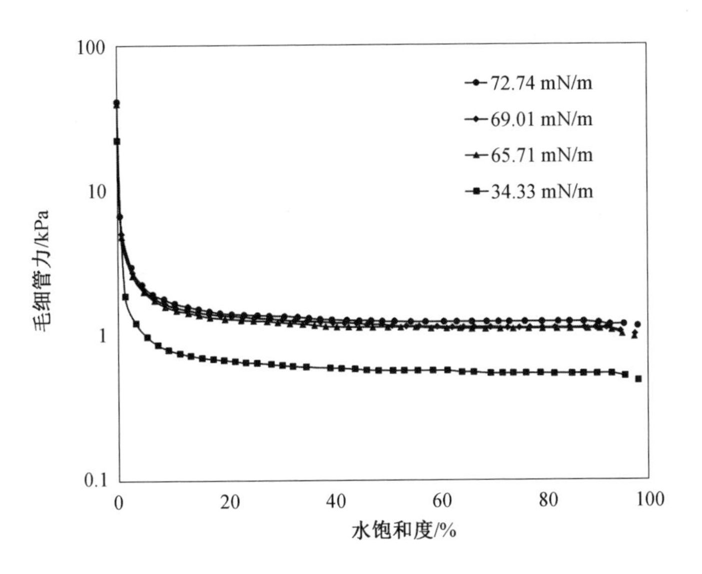

图 5.30　BZ04 砂石组成水合物沉积层内不同界面张力下毛细管力的变化

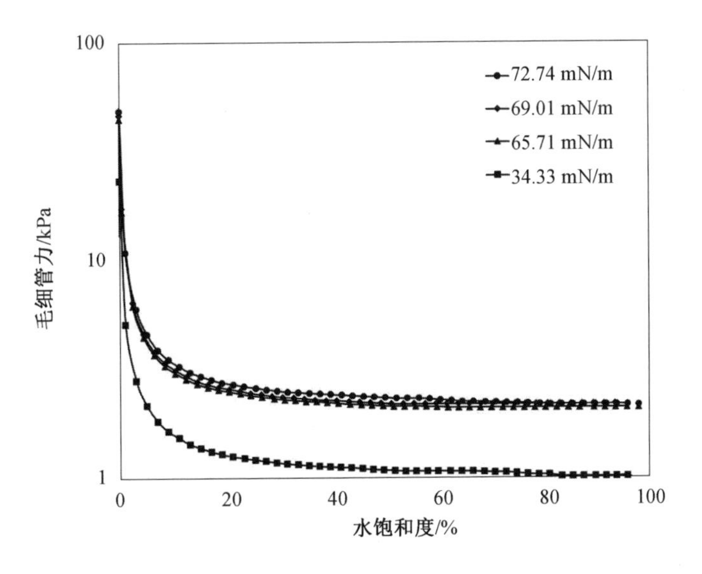

图 5.31　BZ10 砂石组成水合物沉积层内不同界面张力下毛细管力的变化

始,毛细管力会随着水饱和度的减小而骤升。在水饱和度相同的情况下,不同气水两相之间的界面张力对毛细管力也有一定的影响,即水合物沉积层内气水两相之间的界面张力越高,毛细管力就越大,其中界面张力为 72.74 mN/m、69.01 mN/m、65.71 mN/m 的毛细管力曲线十分相近,与界面张力 34.33 mN/m 的差别很大。由式(1.39)可知,界面张力的大小与毛细管力成正比。因此,水合物沉积层中,气水两相之间的界面张力越大,毛细管力就越大。

第6章

水合物相变过程渗流变化

本章主要研究水合物相变过程中储层岩心内的气水运移规律。首先研究了水合物生成对岩心孔隙结构的影响，进而获得水合物生成过程中岩心内的气水流动特性，并讨论了水合物生成过程中储层渗透率各向异性的变化情况，以及气水两相相对渗透率的演化规律，为天然气水合物的实际开采提供理论指导。

水合物储层的渗透率决定了流体流动，流体流动在水合物相变过程中控制着压力传递和传热过程，最终影响水合物的成核、聚集及水合物、气体和水的孔隙空间分布。反之，水合物的存在通过减小有效孔隙大小和改变孔隙结构，加剧了水合物沉积层孔隙空间的复杂性，而孔隙结构在水合物储层渗透率中发挥很大的作用。为了预测水合物的形成、提高水合物储层的产气量，以及设计工程设备，有必要准确获取水合物的形成对沉积层孔隙结构和渗透率的影响。

水合物的大小和分布可能导致储层渗透率变化几个数量级。为了研究水合物储层的渗透特征，直接观察水合物形态，准确地获取孔隙中水合物的饱和度是非常重要的。CT 技术是在孔隙尺度上观察研究水合物沉积层的潜在有效工具，然而，甲烷水合物与水之间的衰减系数值非常小（由于密度差异很小），使得甲烷水合物的识别更加困难。由于氪气（Kr）具有较高的原子数，CT 衰减系数较强，有利于水合物沉积层内各相的识别分割，因此本章基于氪气水合物探讨沉积层孔隙中水合物形成过程的生长特性（使用过量气体法）。利用孔隙网络模型模拟气水迁移过程，建立沉积层的孔隙结构与水合物沉积层的渗透率之间的内在联系，阐释孔隙尺度范围水合物相变过程沉积层渗透特性的演化规律。

6.1　水合物生成过程沉积层内部渗流研究

目前，许多学者基于 CT 技术观察到的天然气水合物形态和相应理论，提出了不同的渗透率预测模型。例如，Masuda 的模型适用于毛细管包裹、颗粒包裹和孔隙填充型水合物沉积层渗透率的模拟预测，其中对应的 N 值（N 是渗透率降低指数,水合物存在的情况下,该指数与孔隙空间的结构有关)分别为 2、2.5 甚至更高。另外,Kozeny 系列相对渗透率模型根据水合物的孔隙特性也具有不同的形式,该系列中颗粒包裹和孔隙填充模型受到水合物饱和度的限制。同时也有大量研究工作用于比较实际观测渗透率与模型预测的结果。但针对水合物相变过程中的渗透特性却少有研究。本节将通过观测氪气水合物生成过程来研究沉积层渗透特性的变化规律。

6.1.1 水合物生成过程赋存形式演化

图 6.1 所示为氪气水合物形成过程中孔隙结构变化可视化设备的示意图。采用的是铝制耐高压反应釜,最高可承受 30 MPa 压力,内径为 40 mm,内部高度为140 mm。反应釜中插入精度为 ±0.1 K 的热电偶及精度为 ±0.1 MPa 的压力传感器,用来监测反应釜内温度和压力的变化。本章研究使用XradiaMicroXCT -400 CT 扫描仪。采用 1 024 × 1 024 像素平板探测器,利用现有实验系统获取高质量的氪气水合物岩心 CT 图像;分辨率为 40 μm,且视场设置为 40.96 mm × 40.96 mm。水合物岩心的扫描时间为 30 min,以 0.3° 的旋转增量旋转一周,获得 1 200 张垂直32 位 CT 图像。

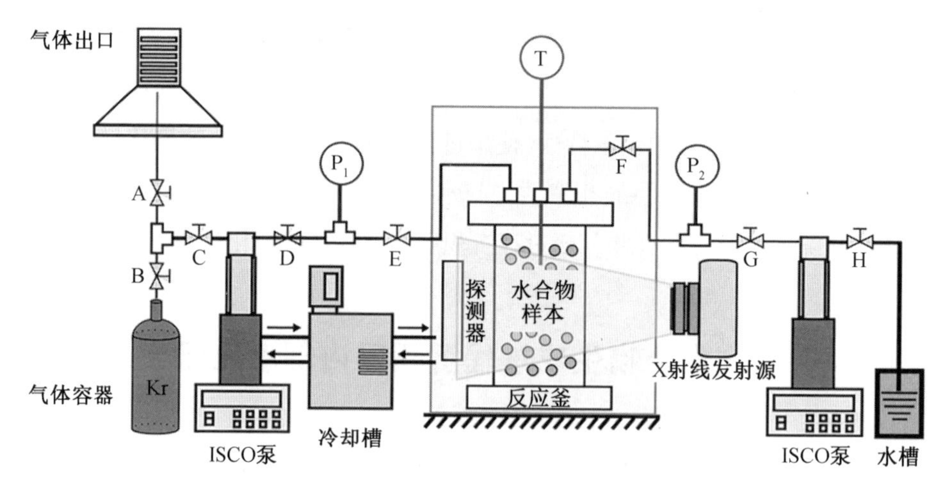

图 6.1 氪气水合物生成过程中孔隙结构变化可视化设备示意图

选用干燥洁净的硅砂(粒径直径为 1.4 ~ 2.0 mm,平均粒径 $D = 1.7$ mm,比

重 G_s = 2.65)，与一定质量分数的去离子水混合(去离子水与硅砂质量比 m_w/m_s = 0.16)。然后将混合物填充到高压容器中，使孔隙度均匀分布(φ = 43.7%)，初始水饱和度为54%。接下来，将反应容器放置在X射线扫描台上，并连接到实验装置上。在环境温度下，以0.5 mL/min的速度向容器中注入氪气，直到反应釜压力达到目标值4.44 MPa。维持压力1 h后，将容器冷却至1.65 ℃，以促进水合物的生成。在整个氪气水合物形成26天的时间里，压力和温度分别维持在4.44 MPa和1.65 ℃。由于CH_4水合物和水对X射线的吸收能力相似，难以分辨，而氪气水合物具有更好的热－动力学稳定性及更好的成像效果，因此本章采用氪气水合物作为替代品。通过获取的CT横截面图像做进一步的灰度图和正态分布分析发现，该成像方法能够清晰有效地得到Kr、水、石英砂和氪气水合物各相。

采用CT分别获得第1、10、26天水合物沉积层的32位断层图像。利用图像处理软件ImageJ对断层图像中各相位的体素强度矩阵(代表局部衰减系数)进行预处理。随后，利用高斯算法对水合物样品中各相体素强度分布图进行处理，利用像素点灰度值对氪气、水、砂、水合物、反应釜进行分离。分析水合物样品的指标性质(如水合物饱和度、孔隙度、孔隙特性等)。最后，重构出氪气水合物沉积层的三维数字岩心结构。

图6.2所示为第1、10、26天不同水平切片上氪气水合物岩心的原始断层图像和相应的灰度值。如图6.2(a)所示，第1天(第一列)，沉积层由随机形状的硅砂组成，没有氪气水合物。深灰色区域代表沙子，黑色区域代表孔隙空间，可以直接观察流体流动。第10天(第二列)，沙子周围的黑色区域逐渐被一层浅灰色的不规则形状的微小薄膜所占据，这表明氪气水合物覆盖在石英砂颗粒表面。最后，在第26天(第三列)，浅灰色区域几乎完全填满了沉积层。这一现象表明，水合物通过颗粒包裹与颗粒黏结相结合的形式，从砂粒表面逐渐向各砂粒接触区生长(10～26天)。如图6.2(b)所示，在样品上部(水平切片0和600处)，水合物赋存形式从颗粒包裹型转变为颗粒黏结型；然而，水合物形态在岩心底部(水平切片870处)转变为零散状分布。

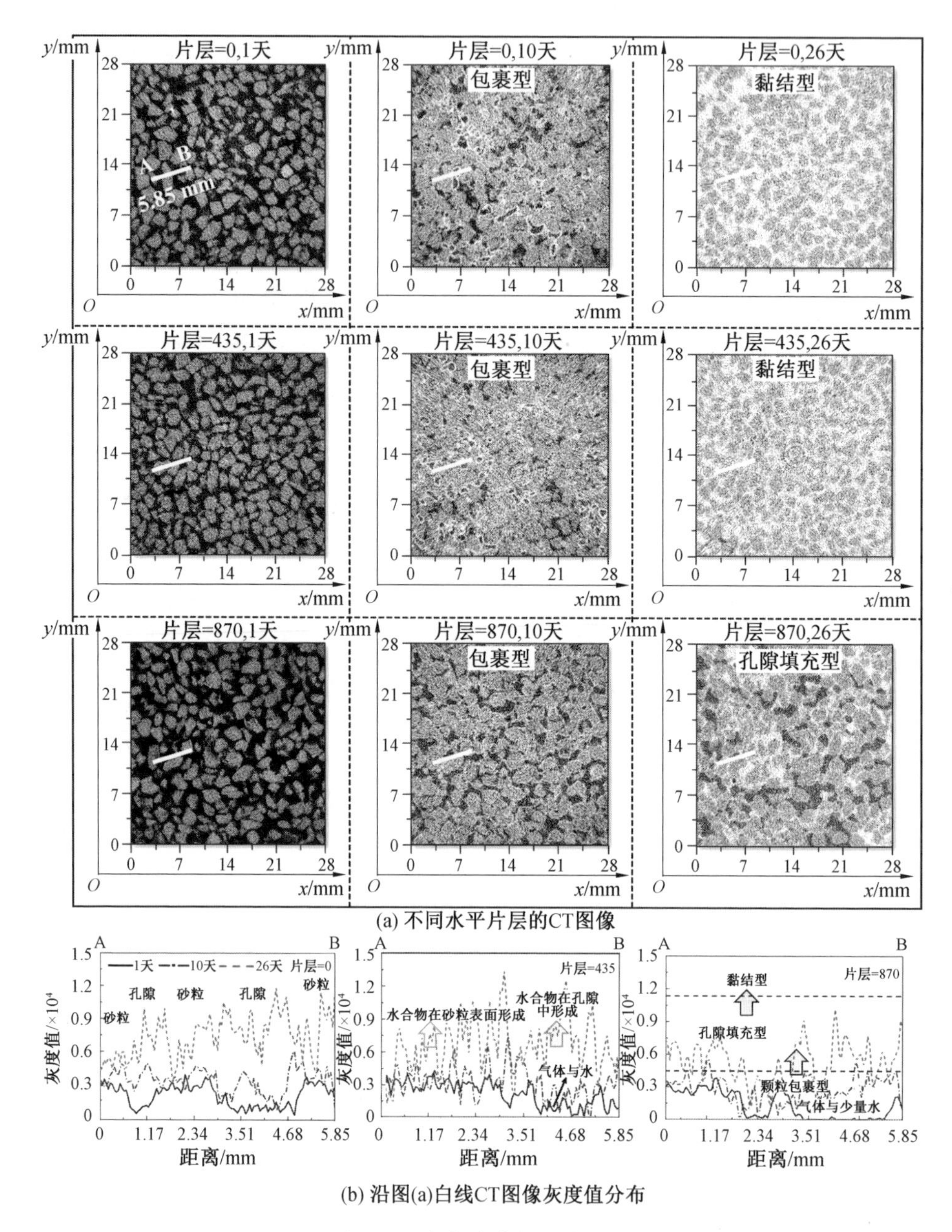

(a) 不同水平片层的CT图像

(b) 沿图(a)白线CT图像灰度值分布

图 6.2 氪气水合物生成过程

根据灰度值的差异,得到水合物沉积层中各相的归一化像素值(沿白色标记横线(A—B)),从而识别出四个相(图6.2(b))。例如,在第600水平切片处,第1

天的石英颗粒和孔隙空间的位置由黑色像素值的曲线来确定(密度越高的沙子灰度值越高,密度越低的沙子孔隙空间灰度值越低)。第 10 天水合物形成后,沙子和孔隙空间的面积略有增加,这表明水合物既存在于颗粒表面,也存在于孔隙中。第 26 天观察到的灰度值显著增强反映了大量水合物形成。结果表明,图 6.2(a) 中沿白线的水合物赋存形式已从生长在石英砂粒表面的颗粒包裹型转变为将砂体连接在一起的颗粒黏结型。

6.1.2　水合物生成过程孔隙空间变化

高斯函数以著名数学家 Carl Friedrich Gauss 的名字命名,在数学、社会科学、自然科学及工程学等领域具有广泛的应用。近年来,高斯函数分布分析由于具有多尺度、多分辨率、钟形对称特性等特点,已经成为一种新型的信息处理工具,在 CT 图像处理方面得到广泛研究。图 6.3(a) 所示为本节 CT 研究的二维图像灰度分布图,可以发现,各相灰度分布直方图具有高斯分布特性,可利用高斯函数进行分解和相分辨,如下所示:

$$f(x) = a\mathrm{e}^{-(x-b)^2/2c^2} \tag{6.1}$$

式中,常数 a 决定了各相灰度分布幅值;常数 b 决定了各相灰度分布位置;常数 c 决定了各相灰度值分布的离散度。

理论上,8 位 CT 图像的像素点分布应该有四个峰值,分别为水合物、砂粒、水和气体。由于本节重点关注用于气/水流动的孔隙空间,因此没有将水和气体进行分割。因此,根据图 6.3(a) 中各相密度对比得到的灰度差异,对气/水、颗粒和氪气水合物的三个高斯峰进行处理,得到水合物样品基本结构性质,如水合物饱和度和孔隙度。基于已知的水合物饱和度和孔隙度确定各相的阈值。在此基础上,利用 VG Studio Max 三维软件对氪气水合物和流体孔隙空间的三维分布进行分离、提取和可视化处理(图 6.3(b))。

根据图 6.3(a) 所示的氪气/水、砂和氪气水合物的比例,确定各水平切片中的水合物饱和度和孔隙度(后者不包括氪气水合物),如图 6.4 所示。在实验开始时(第 1 天),无水合物样品的平均孔隙度约为 41%,而样品上部的孔隙度略高于样品底部。由于第 10 天形成了氪气水合物,平均孔隙度降低到 37%,整个样品

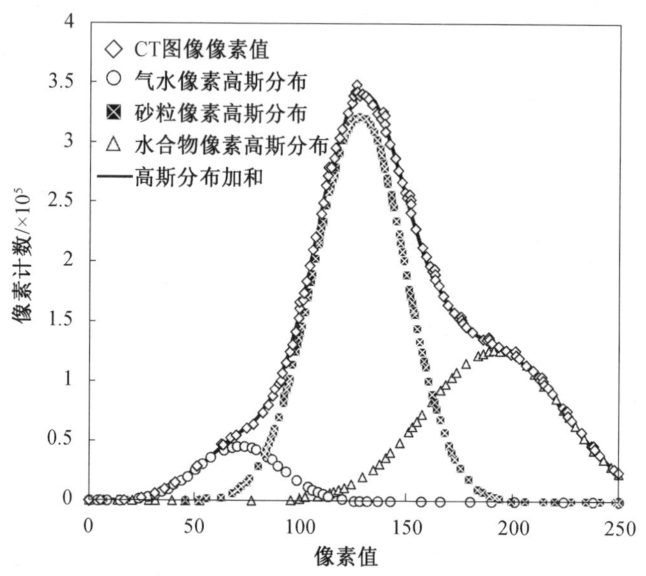

(a) 氪气水合物岩心灰度值的高斯分布矩形图

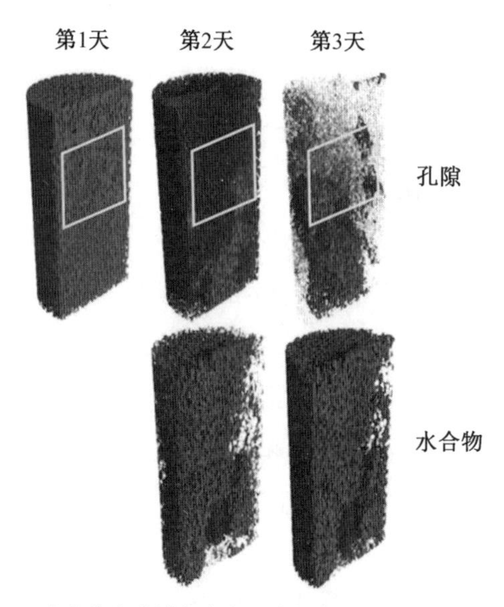

(b) 水合物生成过程中岩心内部孔隙和水合物空间分布

图 6.3　氪气水合物岩心灰度值的高斯分布及岩心内部孔隙和水合物空间分布

的水合物饱和度约为 9%。然而,从第 10 天的水合物饱和度可以看出,水合物优先在顶部形成,所以整个样品的孔隙度差异不明显。随着水合物饱和度的增加(56%),孔隙度显著降低至 18%。此外,在第 26 天,上部水合物饱和度上升至 69%,而在沉积层内部的孔隙空间的水合物饱和度大约为 47%(图 6.3(b))。此外,样品底部的水合物饱和度仅为 42%,这不能确定为颗粒包裹型和黏结型共存的水合物赋存形式,因此被定为团簇状分布,同图 6.2。

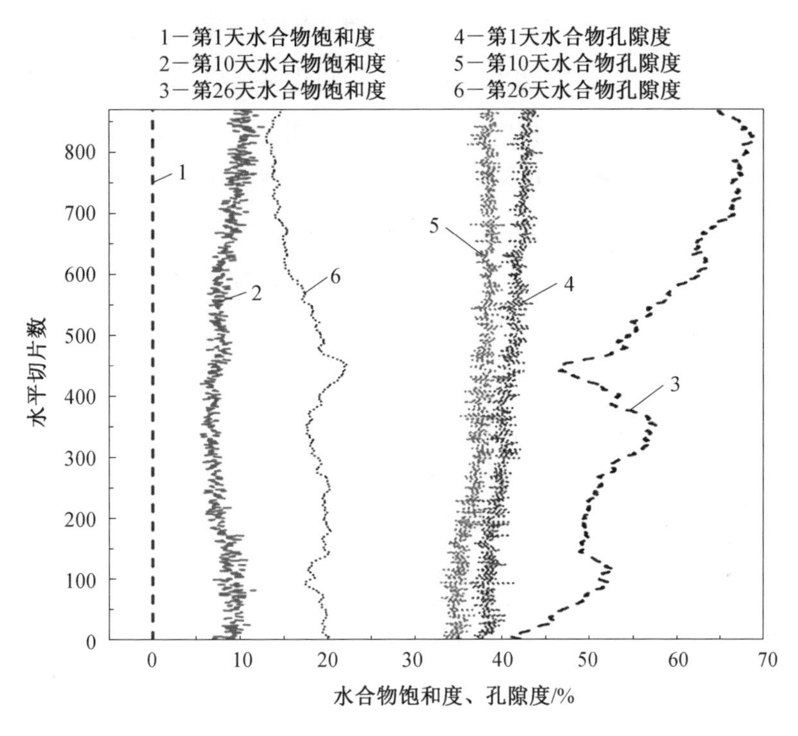

图 6.4　水合物生成过程中岩心各片层内水合物饱和度和孔隙度分布

在孔隙尺度上(图6.2)和岩心尺度上(图6.3(b)和图6.4)均发现水合物非均质分布,且在水合物形成过程中,水合物在孔隙尺度上赋存形式是不断变化的。为了深入了解不同赋存形式和水合物饱和度变化后渗透率的显著变化,在水合物形成过程中裁取了 400 × 400 × 400 体素的立方水合物样品(如图6.3(b)中的方框所示),以提取具有拓扑孔隙和喉道的等价孔隙网络模型,如图 6.5 所示。很明显,以孔隙和喉道为特征的流动通道在水合物形成后数量减少,尤其是

图 6.5　水合物生成过程中水合物岩心等价孔隙网络模型

在第 26 天。计算了水合物沉积层的参数性质和孔隙、喉道分布，分别见表 6.1 和图6.6。随着水合物饱和度从0增加到53.34%，相应的孔隙度从43.57%降低到22.09%（表 6.1）。此外，图 6.6 显示了孔隙网络模型内孔隙、喉道半径分布的变化。尽管孔隙半径在第1天和第10天的峰值都在60×10^{-6} m，但较大孔隙半径分布明显减小，且第 1 天与第 10 天相比，较小的孔隙半径分布明显增加（图 6.6(a)）。在最终的第 26 天，孔隙半径峰值达到 30×10^{-6} m 且所占比例约为40%。喉道半径分布峰值从第1天的40×10^{-6} m到第10天的30×10^{-6} m再到第26天的20×10^{-6} m。此外，半径较小喉道的占比大幅上升（图6.6(b)）。这些结果表明，氪气水合物倾向于在较大的孔隙和喉道中形成，并因此猜测天然气水合物有相同情况。提取的孔隙网络模型的指标性质和地质参数见表 6.1。

表 6.1　孔隙网络模型的指标性质和地质参数

参数	生成第 1 天	生成第 10 天	生成第 26 天
水合物饱和度 S_h/%	0	9.85	53.34
孔隙度 φ/%	43.57	31.26	22.09
平均孔隙半径 r_p/μm	54.63	52.80	33.84
平均喉道半径 r_t/μm	27.15	25.49	15.19
绝对渗透率（μm^2）	29.37	16.62	0.87
喉道形状因子	0.031	0.031	0.031
孔隙形状因子	0.017	0.015	0.010
孔喉比	20.1	2.07	2.23
迂曲度	3.54	6.47	15.54
地层因子	8.12	20.70	87.26

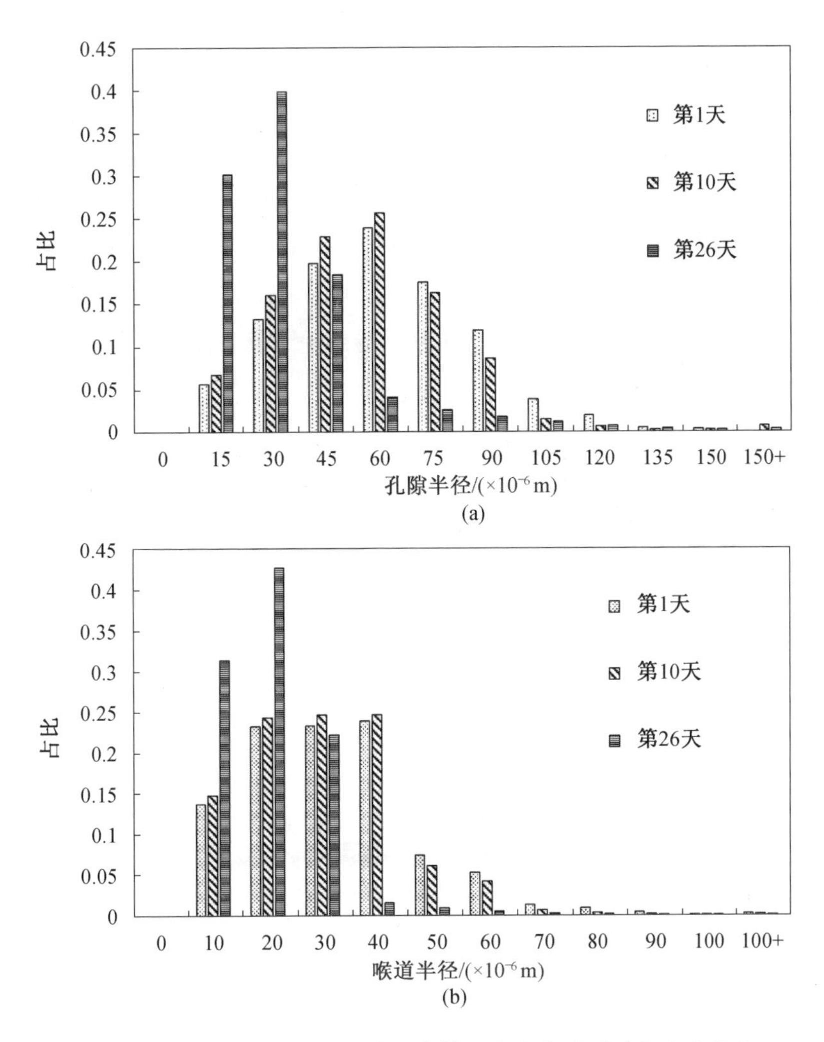

图 6.6　水合物岩心等价孔隙网络模型的孔隙、喉道半径大小分布

6.1.3　水合物生成过程沉积层内部渗流变化

图 6.7 描绘了三种不同水合物饱和度的毛细管力曲线。三种毛细管力采用 van Genuchten 模型进行拟合：

$$p_c = p_0\left[\left(\frac{S_w - S_{rw}}{1 - S_{rw}}\right)^{-\frac{1}{m}} - 1\right]^{1-m} \tag{6.2}$$

式中　p_0—— 气体进口压力；

S_{rw}—— 束缚水饱和度；

m—— 毛细管力曲线的形状因子，用来表征毛细管力 p_c 与水饱和度 S_w 的关系。

这三个参数取决于水合物的饱和度（如图 6.7 中嵌入的表所示）。随着水合物饱和度的增加，由于孔隙、喉道半径的减小，进气压力增大，束缚水被截留，流体流动通道被氪气水合物堵塞。水合物形成过程中，平均孔隙、喉道半径减小后，水合物样品的毛细管吸力增大（表6.1），导致毛细管力曲线变陡，m 值降低。

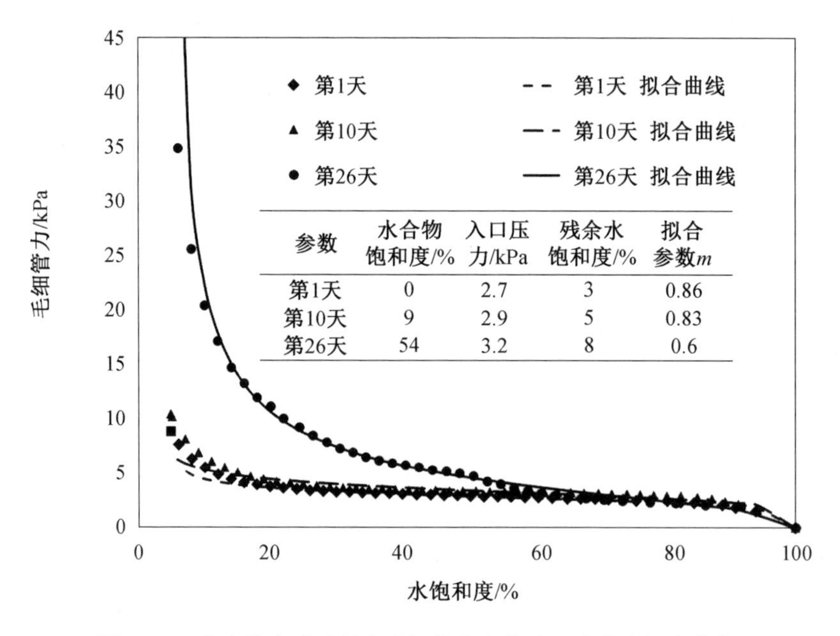

参数	水合物饱和度/%	入口压力/kPa	残余水饱和度/%	拟合参数m
第1天	0	2.7	3	0.86
第10天	9	2.9	5	0.83
第26天	54	3.2	8	0.6

图 6.7　水合物生成过程中毛细管力变化及经验公式拟合曲线

孔隙网络模型的绝对渗透率从 29.37 μm^2 降低到 0.87 μm^2，降低了两个数量级。随后流体流动的流道（孔隙和喉道的数量）消失，且孔隙空间缩小，导致迂曲度增加（从 3.54 增加到 15.54），见表 6.1。预测的气／水相对渗透率如图 6.8 所示。总体来说，亲水沉积层的水饱和度增加后，使气相相对渗透率下降，水的相对渗透率上升。在低水饱和度（0 ~ 20%）条件下，样品中的水吸附在砂体表面或困于角隅中，导致气体分布在孔隙空间的中心。由于水没有阻碍气体的流动，所以在这段时间内气相相对渗透率下降很小。随着水饱和度的增加（20% ~

80%),水的分布更加连续,占据了更多的流道,因此,水的相对渗透率增大,气的相对渗透率减小。在流动过程中,气体逐渐失去了连续性,且出现了贾敏效应,对水和气体都产生了很大的影响。最后,水饱和度为 80% ~ 100% 时,水几乎占据了所有的孔隙空间,气体被困在孔隙空间中,完全离散。此外,水合物的存在使孔隙结构复杂化,表现为较大的迂曲度(表 6.1),这加大了水和气体间的有效渗透阻力。因此,随着水合物饱和度的增加,水与气共存范围大大缩小。

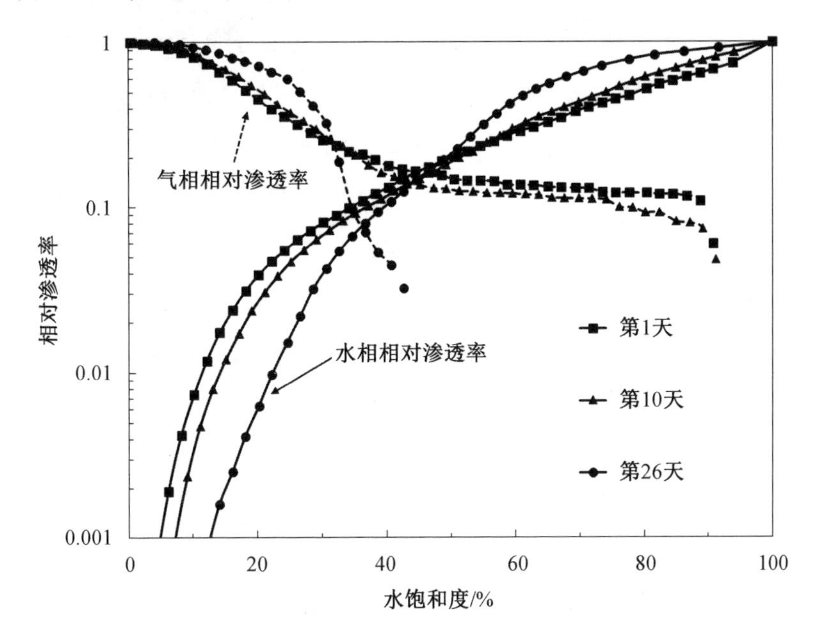

图 6.8　水合物生成过程中气/水相对渗透率的变化

6.1.4　水合物生成过程渗流特性研究

1. 水合物赋存形式

许多学者对水合物的赋存形式进行了大量的研究,其中饱和度和生成方式对水合物的形态有很大影响。以往的研究表明,在水饱和或过量时,非亲湿水合物只有在水合物饱和度低于40% 的情况下,才会在孔隙空间的中心位置出现;其他学者已经确定,在高水合物饱和度状态下,随着孔隙的填充,水合物也会继续增长。然而,在过量气体条件下,在水合物饱和度低于 35% 时,水合物倾向于包裹在砂层表面；而在饱和度为35% ~ 49% 时，水合物的生长特性转变为孔隙填充型。此外，有学者发现在较低的饱和度条件下，水合物包裹在砂粒上，但在水合物和砂粒表面之间存在一层薄薄的水膜。

由于自然环境中大多数为过量水的条件，天然气水合物储层中水合物的生长习性更倾向于孔隙填充型，如布莱克脊、阿拉斯加、马更些三角洲和南海海槽，而在克里希纳河 - 戈达瓦里河盆地，学者推测水合物形态为颗粒包裹型。

本节研究结果表明，在过量气体条件下，氪气水合物在生长过程中，首先表现为颗粒包裹型，然后转变为颗粒胶结（图6.2），这与之前的研究结果一致。结果还表明，多种水合物赋存形式可以在沉积层中共存。在孔隙尺度下，运用过量气水合物形成法生成甲烷水合物，利用micro - CT直接观察甲烷水合物在孔隙空间的赋存形式与本节结果一致，该研究表明，在此条件下主要生成胶结水合物和颗粒包裹型水合物。

2. 水合物生成对沉积物渗透性的影响

获得不同水合物形态下渗透率与饱和度之间的经验关系，对于预测水合物藏的产气量具有重要意义。学者曾在实验室中通过过量气水合物形成法测量水合物的水相渗透率值，并通过理论模型进行估算。在本节中，无论利用毛细管理论模型还是Kozeny颗粒模型，模拟得到的包裹型水合物岩心的渗透率均高于团簇型水合物，如图6.9所示。在水合物饱和度为9%（颗粒包裹型水合物）的情况下，渗透率为0.57，介于Kozeny颗粒包裹模型和孔隙填充模型预测值之间；而当胶结水合物填充53% 的孔隙空间时，渗透率降至0.03。实验测量数据和理论模型预测值之间存在较大差异。大多数实验数据都低于一系列理论模型预测值，包括毛细管孔隙填充模型。这些偏差表明，水合物沉积层渗透率与水合物饱和度之间的关系是水合物藏产气的影响因素，这是由水合物生长特性和分布共同造成的。

水合物的形成对沉积层中水合物、水相相对渗透率、气相相对渗透率的影响也很重要。水饱和度较低时，在1 ~ 26天内，随着水合物饱和度增加，水相相对渗透率降低，而气相相对渗透率增加（图6.8）。众所周知，由于水的连续性和流

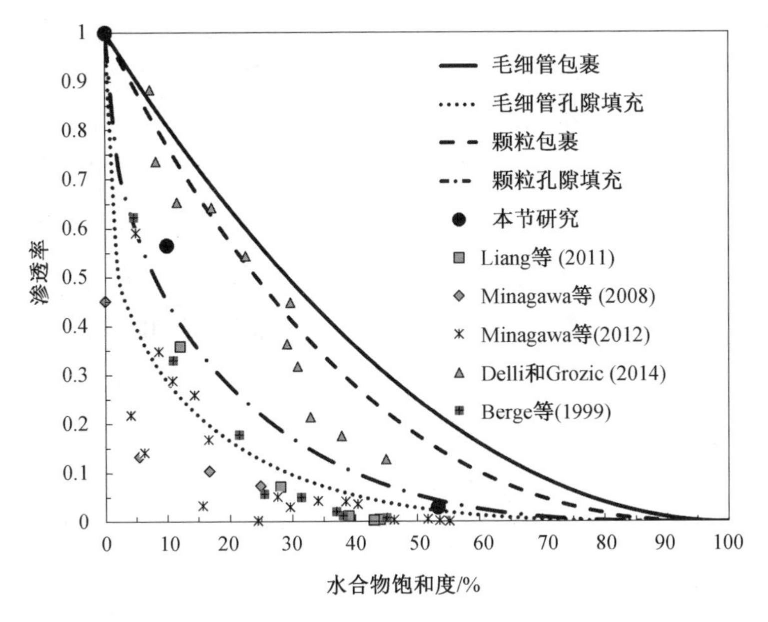

图 6.9　过量气水合物形成法生成的水合物岩心内部渗透率实验测量与模拟预测结果对比

动性,分布在沉积层中的水(亲湿相)取决于孔隙空间的形状,并且主要是由角隅和润湿性决定的,特别是在低水饱和度条件下。由此可知,水合物的存在使得沉积层中的孔隙空间变得更加复杂且不规则,导致孔隙形状因子降低(表6.1),角隅数量增加。亲水性沉积层中的束缚水量增大,这与毛细管力拟合趋势一致。因此,使水的相对渗透率降低。由于大多数孔隙涉及气体流动,因此导致气体相对渗透率增加。

相反,在较高水饱和度的情况下,随着水合物饱和度的增加,水相相对渗透率上升,气相相对渗透率下降(图6.8),这是由贾敏效应引起的。样品中水相饱和度不断增加,使气流分散成气泡。由于喉道半径和孔隙半径的不同,毛细管力阻碍了通过孔隙和喉道的气体流动。气珠(气泡由于水与气体的界面张力而保持为球体)在通过较小喉道时的变形消耗了能量,从而导致气体流动减慢,气相相对渗透率降低。由于孔喉比越大,变形所需的能量也越大,因此在水相饱和度较高时,气体流动也越剧烈。因此,在图6.8所示的较高水饱和度区域,随着水合物饱和度的增加，孔喉比增大，气相相对渗透率降低。在较高水饱和度下，气相相对渗透率的降低使水相相对渗透率增加。在第 26 天，水和气共存的水饱和度范围为 12% ～41%（图 6.8）。因此，当水饱和度大于 41% 时，沉积层中只有水相可以流动。

从孔隙尺度外推到场地尺度（水合物现场试验），气相相对渗透率较低，在较高水饱和度条件下生产出过量水及少量气对天然气水合物开采没有价值。因此，水合物饱和度低但渗透率高的水合物储层比水合物饱和度高但渗透率低的水合物储层更有价值。值得注意的是，在本节研究中没有考虑气体的膨胀性和流体的不可压缩性。但是，可以确定的是，水合物饱和度越高的储层具有的能源开采潜力越大，因此人为增加渗透率，如采用水力压裂法，可提高天然气产量。

在水合物形成期间，气体相对渗透率的三个曲线在水饱和度约为 31%（对应的气体饱和度为 69%）时相交，而水相相对渗透率的三个曲线在水饱和度约为 49% 时相交。由此推断，这些气/水饱和度值代表了气/水相对渗透率的阈值。当沉积层中气体饱和度低于 69% 时，气流量明显减弱，贾敏效应影响较大；当水饱和度低于 49% 时，水流动能力下降，孔隙形状是最重要的因素。在天然气开采过程中，海洋水合物矿床的水饱和度通常高于气相饱和度，因此，试图削弱贾敏效应，特别是在渗透性较大的水合物储层中，对天然气水合物的开采至关重要。

6.2　水合物生成对沉积层渗透率各向异性的影响

由于分层时颗粒的平面度、方向和形状不同，因此储层本质上是不均匀的，水合物随机分布。水合物储层的渗透率分布不均，研究水合物沉积物的渗透率时必须考虑渗透率各向异性。一些学者已经研究了渗透率各向异性和渗透率各向异性程度对水合物储层产气的影响。在利用垂直井进行天然气降压开采过程中，渗透率各向异性在早期阶段对天然气生产的影响较小，但后来由于阻碍了垂直方向上的流体流动而减缓了水合物的分解，并影响了温度和压力演变。当使用水平井时，发现渗透率各向异性会在初始阶段阻碍水合物的分解，但在后期生

产过程中会促进水合物的分解。同时,研究还表明较高的渗透率各向异性率比较低的渗透率各向异性率更能促进气体产生。在上述研究中,对产气渗透率各向异性的敏感性分析均基于在整个水合物开采过程中水合物沉积物中水平渗透率和垂直渗透率的比率恒定的假设。然而,印度克里希纳 - 戈达瓦里盆地水合物岩心的水平和垂直渗透率之比为4,水合物饱和度为71.60%,但在水合物完全分解后,该比值变为0.5。这些结果与 Mallik 多年冻土水合物井岩心的参数一致。由此可知在储层范围内,渗透率各向异性随水合物相变而变化。因此,在孔隙和岩心尺度上确定水合物相变过程中渗透率各向异性变化是至关重要的。

通常,对水合物沉积物中渗透率的测量需要两个步骤:首先,评估不含水合物的沉积层的固有渗透率;其次,评估因水合物形成而导致的渗透率减少量。渗透率测量需要有效地了解水合物沉积层的孔隙尺寸,以便测量水合物的空间分布,水合物的形态、孔径和形状。计算机断层扫描成像(CT)已被用作一种无损方法,用于重构含水合物沉积层的三维微观结构。CT 已用于:① 测量水合物的空间分布和形态;② 研究水合物与邻近介质的相互作用及水合物未分解表面积对解离速率的控制机制;③ 量化沉积物非均质性对水合物相变和渗流特性的影响;④ 捕获潜在的离散流动路径。此外,为克服用于确定水合物沉积物渗透率的测量技术和方法的局限性,以及防止水合物相变的测量带来的挑战,一些研究提取了一个孔隙网络模型。该模型由等价的孔隙、喉道组成,并包括可用于两相流的大量微观结构数据,用于预测含水合物/不含水合物沉积层的指数特性和渗透特性。同样可以研究水合物饱和度、孔径、润湿性和界面张力对水合物沉积层渗透率的影响。

本节中,通过 CT 图像提取的孔隙网络模型研究了水合物形成过程中渗透率各向异性的变化。进行 CT 以重建水合物沉积物的三维几何结构,并获得每个相的空间分布。然后基于水合物沉积物的层析成像提取孔隙网络模型,以模拟内部两相流动。确定并分析了沉积物的指标性质、渗透率各向异性的演化及渗透率各向异性对水合物形成过程中水和气迁移的影响。

6.2.1 水合物生成过程沉积层内结构参数的变化

实验设备和步骤同6.1节。将圆柱形水合物岩心裁剪为立方体,用于提取孔隙网络(图6.10)。不难发现,在实验第1天没有生成水合物的孔隙网络的孔隙、喉道相对较大,但随后逐渐缩小。它们的空间分布在第9天变得更加密集。第20天水合物大量存在,孔隙、喉道的尺寸进一步减小,并且由于流体流动的孔隙空间占用,孔隙、喉道数量大量减少。

(a) 水合物生成

(b) 水合物生成过程中对应的孔隙网络模型

图6.10　水合物生成过程中岩心孔隙内水合物空间分布变化及对应的孔隙网络模型

通过孔隙网络模型计算出的水合物岩心的等效平均孔隙半径和平均喉道半径如图6.11所示。水合物形成后,平均孔隙、喉道半径分别从68.17 μm降至31.86 μm和从31.73 μm降至12.65 μm。孔喉比从2.15增加至2.52,表明在水合物形成过程中,多孔的水合物岩心中的流体迁移被抑制归因于孔喉比。已知孔喉比较小的沉积层更易于流体流动,而较大的孔喉比则会诱发更多的卡段效应,或使气体被束缚在较小的空间,从而切断了气体流动(非润湿阶段),即水和气体必须绕过由较大的孔喉比所引起的拐角,以保持连续流动。因此,第9天和

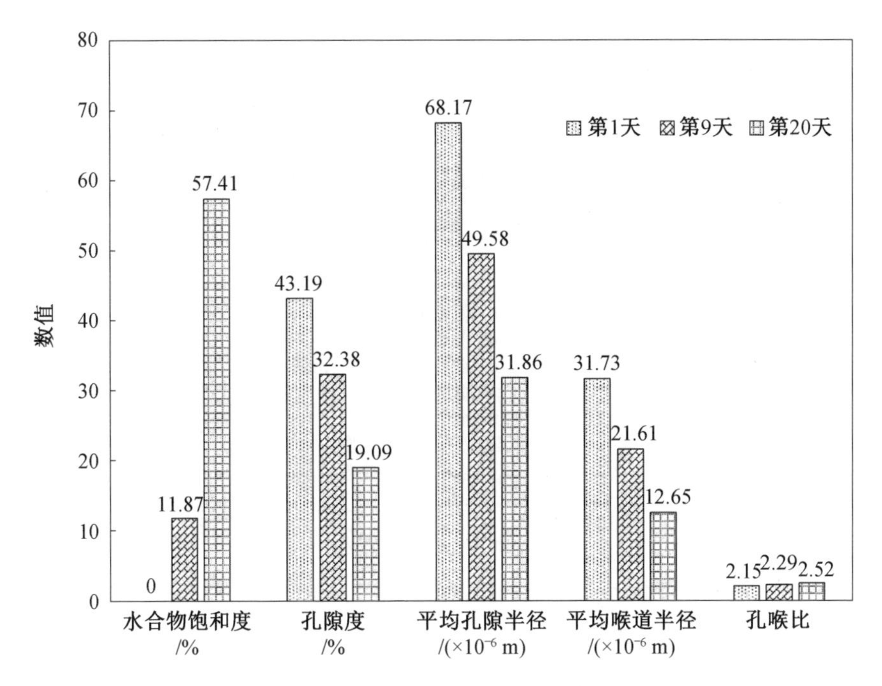

图 6.11　水合物生成过程沉积层参数变化

第 20 天,多孔水合物岩心中水和气的渗透特征必然被阻碍。

第 9 天和第 20 天的孔隙度和水合物饱和度是通过 CT 中各相组成分割来计算的(图 6.11)。水合物形成后,水合物饱和度从 0 增加至 57.41%,而相应的孔隙度从 43.19% 降低至 19.09%。

6.2.2　水合物生成过程沉积层渗透率各向异性研究

1. 水合物沉积层中水平和垂直方向的绝对渗透率

基于达西定律的方法直接测量水合物沉积层的局部渗透率可能会很困难,因为渗透率会随位置和流动方向而变化。因此,采用孔隙网络模型与 CT 技术相结合,来模拟水合物岩心中垂直和水平方向的渗透率。图 6.12 所示为水合物岩心的绝对渗透率在垂直(k_v)和水平(k_h)方向上的变化。在孔隙填充型水合物中(第 9 天),饱和度为 11.87% 会使水合物岩心的绝对渗透率降低一个数量级,说明孔隙填充型水合物对水合物岩心渗透性有重大影响。此外,在整个水合物形成过程中，k_v 和 k_h 均下降，但 k_v 的下降幅度更大，达两个数量级（从 73.72 μm^2 至 0.30 μm^2），从而导致渗透率各向异性比率（k_h/k_v）从 1.15 急剧增加至 19.70。这表明水合物的存在严重阻碍了水合物岩心在垂直方向上的流动能力，而水平方向的流体运移则相对顺畅。从这个意义上讲，就水合物现场测试中的产气量而言，水平井将更适合，尤其是在水合物饱和度较高的情况下。

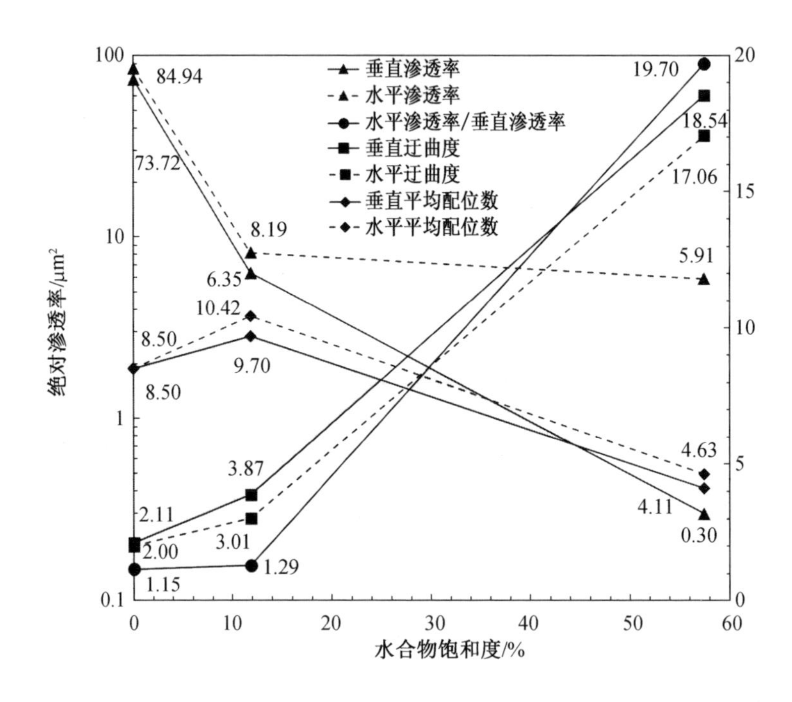

图 6.12　利用孔隙网络模型计算水合物沉积物的渗透特性

尽管在给定的水合物形成时间，平均孔隙、喉道半径和孔隙网络中孔隙、喉道的空间分布是相同的，但是水合物中心在不同方向上的连通性和迂曲度完全不同，并决定了水合物沉积物的渗透特征。如图 6.12 所示，两个方向的初始平均配位数为 8.50，随后垂直和水平方向的平均配位数分别增加至 9.70 和 10.42，最后分别降低至 4.63 和 4.11。两个方向上相同的平均配位数表明，在第 1 天，水合物岩心在垂直和水平方向的流体流动具有相似的连通性。与预期相反，水合物饱和度上升增加了水合物沉积物中的平均配位数，这与第 9 天孔隙网络模型中孔隙、喉道的空间分布一致（图 6.10(b)）。也就是说，在孔隙填充型水合物形成

后,一个孔隙可能与更多的喉道相连。尽管第 9 天水合物岩心的平均配位数增加,但此时的平均孔隙、喉道半径明显降低(图 6.11)。水合物饱和度为 11.87% 时,平均配位数与绝对渗透率之间呈负相关关系,表明绝对渗透率不仅取决于平均配位数,还取决于平均孔隙、喉道半径。此外,水合物岩心的连通性由平均配位数和平均孔隙、喉道半径共同决定。

形成的水合物占据了水合物沉积物中大部分的孔隙空间,减小了流动空间及孔隙、喉道的尺寸(和数量)。这与第 20 天提取的孔隙网络模型一致(图 6.10(b))。因此,水合物沉积层绝对渗透率在两个方向上都降低了。另外,在第9天或第20天给定水合物饱和度(相同的平均孔隙、喉道半径)的情况下,由于较高的平均配位数,水合物岩心水平方向的连通性好于垂直方向的连通性。因此,水合物沉积层水平方向的绝对渗透率高于垂直方向的绝对渗透率。

图 6.12 表明,水合物沉积物中垂直方向的初始迂曲度(值为 2.11)大于水平方向的初始迂曲度(值为 2.00)。此后,当水合物占据孔隙空间的 11.87% 时,两个方向的迂曲度均增加了 1.5 倍以上(垂直方向 3.87/2.11 = 1.83,水平方向 3.01/2.00 = 1.51)。随后,垂直方向和水平方向的迂曲度分别高达 18.54 和 17.06。迂曲度的急剧增加表明,水合物岩心的微观结构变得复杂,气体和水的流动能力将大大减弱。此外,由于在竖直方向上的迂曲度较高,所以用于竖直方向上流体迁移的路径比在水平方向上的路径更艰难。不同水合物饱和度下绝对渗透率趋势的变化与两个方向上的迂曲度一致(即水平方向上迂曲度较低的水合物沉积物的绝对渗透率较高)。因此,迂曲度对水合物沉积物中的渗透率各向异性具有至关重要的意义。

2. 天然气 / 水在垂直和水平方向上的迁移

图 6.13 所示为水合物形成过程中水合物岩心中水和气的相对渗透率。总体来说,在任何水合物饱和度和流动方向下,润湿性沉积层中的水饱和度增加之后,气体的相对渗透率下降、水的相对渗透率上升。在低水饱和度下,样品中的水黏附在颗粒表面或陷于狭窄的角隅,导致气体分布在孔隙空间的中心。由于水不会阻碍气体流动,因此在此时间间隔内,气体的相对渗透率几乎没有降低。

随着水饱和度的增加,水显示出更连续的分布,并占据了更多的迁移路径。因此,对水的相对渗透率上升而对气体的相对渗透率下降。在流动过程中,气体逐渐失去了连续性,并出现了液体阻力作用,这对水和气体都有很大的影响。最后,由于水饱和度高,水几乎占据了所有孔隙,因此,气体将被捕获在孔隙空间中并变得完全离散。

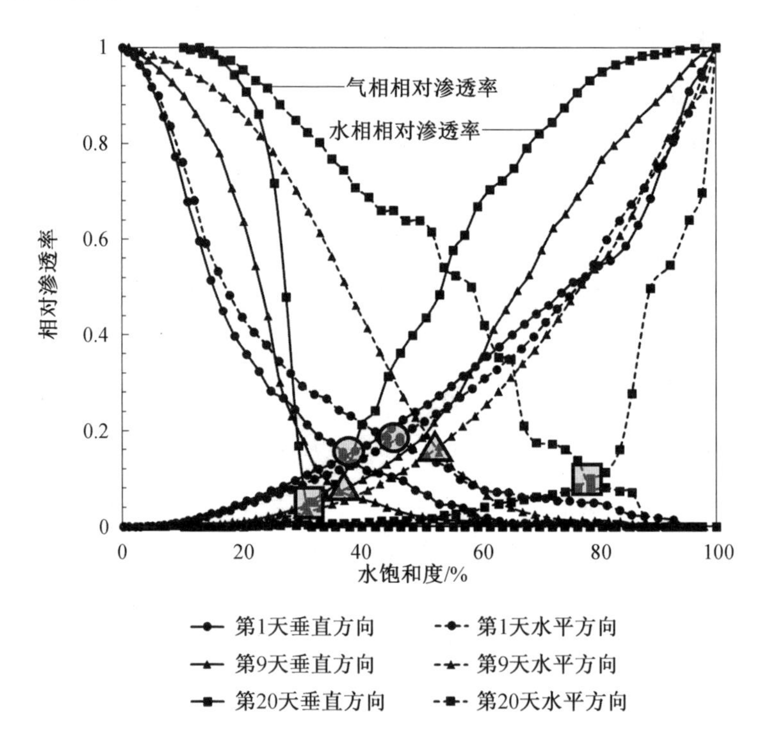

图 6.13　在水合物形成的第 1 天、第 9 天和第 20 天,垂直和水平方向对水相和气相相对渗透率的影响

水合物的存在使孔结构复杂化,这反映为更大的迂曲度(图6.11),从而导致对有效气/水渗透的抑制作用增强,随后水和天然气具有相对陡峭的相对渗透率曲线。因此,随着水合物饱和度的增加,水和气的共存范围大大缩小。此外,随着水合物饱和度的增加,水和气体在垂直方向上的等渗点向较低的水饱和度和相对渗透率值转移。然而,水和气体在水平方向上的等渗点则向着更高的水饱和度和更低的相对渗透率值移动。

另外,在水饱和度和水合物饱和度相同的条件下,水平方向的气相相对渗透率始终比垂直方向的气相相对渗透率高,而水相相对渗透率则恰好相反。随着水合物饱和度的增加,在两个方向之间气/水相对渗透率的差异增大。例如,在第 1 天、第 9 天和第 20 天的水饱和度为 54.71% 时,水相相对渗透率差异分别为 0.02、0.93 和 0.51。可以看出,第 20 天在垂直方向上气相相对渗透率终止于 31.37% 的水饱和度,这意味着一旦水饱和度超过 31.37%,气体在垂直方向上的迁移就被完全阻碍了。该情况下水合物场地开采天然气试验中垂直井不会有天然气产出。相反,在水平方向上,气相相对渗透率在水饱和度为 89.94% 时与 x 轴相交(图 6.13),这表明当水饱和度低于 89.94% 时气体可以流动,从而扩大了气体流动的条件范围。另外,在水饱和度为 29.36% ~ 81.44% 的范围内,垂直方向水合物饱和度为 57.41% 时,水相相对渗透率仍然较高。而在相同范围内的水平方向上,其停留在 0 ~ 11.36% 之间,而水合物岩心使气相的渗透能力更大。从经济效益的角度来看,由此推断水合物场地尺寸试验中,天然气产量大,而水产量将降低。显然,在气相相对渗透率较高的水合物储层中会产生较高的产气量。因此认为,水平井是天然气生产的更好选择,尤其是对于水合物饱和度较高的水合物储层。

参 考 文 献

[1] MAKOGON Y F, HOLDITCH S A, MAKOGON T Y. Natural gas-hydrates — A potential energy source for the 21st Century [J]. Journal of Petroleum Science and Engineering, 2007, 56(1-3): 14-31.

[2] SLOAN E D. Gas Hydrates: Review of physical/chemical properties [J]. Energy & Fuels, 1998, 12(2): 191-196.

[3] SLOAN E D. Fundamental principles and applications of natural gas hydrates [J]. Nature, 2003, 426(6964): 353-363.

[4] 程传晓. 天然气水合物沉积物传热特性及对开采影响研究 [D]. 大连:大连理工大学, 2015.

[5] MAO W L, MAO H K, GONCHAROV A F, et al. Hydrogen clusters in clathrate hydrate [J]. Science, 2002, 297(5590): 2247.

[6] SLOAN E D, KOH C. Clathrate hydrates of natural gases [M]. Boca Raton: CRC Press, 2007.

[7] KVENVOLDEN K A. A primer on the geological occurrence of gas hydrate [J]. Geological Society Special Publication, 1998(137): 9-30.

[8] KVENVOLDEN K A, ROGERS B W. Gaia's breath—Global methane exhalations [J]. Marine and Petroleum Geology, 2005, 22(4): 579-590.

[9] BOSWELL R, COLLETT T S. The gas hydrates resource pyramid [R]. Washington, D. C.: National Energy Technology Laboratory, 2006.

[10] MAKOGON Y F, OMELCHENKO R Y. Commercial gas production from Messoyakha deposit in hydrate conditions [J]. Journal of Natural Gas Science and Engineering, 2013, 11: 1-6.

[11] COLLETT T S, LEE M W, AGENA W F, et al. Permafrost-associated natural gas hydrate occurrences on the Alaska North Slope [J]. Marine and Petroleum Geology, 2011, 28(2): 279-294.

[12] ANDERSON B J, KURIHARAM, WHITE M D, et al. Regional long-term production modeling from a single well test, Mount Elbert gas hydrate stratigraphic test well, Alaska North Slope [J]. Marine and Petroleum Geology, 2011, 28(2): 493-501.

[13] HUNTER R B, COLLETT T S, BOSWELL R, et al. Mount Elbert gas hydrate stratigraphic test well, Alaska North Slope: Overview of scientific and technical program [J]. Marine and Petroleum Geology, 2011, 28(2): 295-310.

[14] COLLETT T S, LEE M W, ZYRIANOVA M V, et al. Gulf of Mexico gas hydrate joint industry Project Leg Ⅱ logging-while-drilling data acquisition and analysis [J]. Marine and Petroleum Geology, 2012, 34(1): 41-61.

[15] MORIDIS G J, COLLETT T S, BOSWELL R, et al. Gas hydrates as a potential energy source: State of knowledge and challenges [J]. Advanced Biofuels and Bioproducts, 2013, 977-1033.

[16] MORIDIS G, COLLETT T, POOLADI-DARVISH M, et al. Challenges, uncertainties, and issues facing gas production from gas-hydrate deposits [J]. SPE Reservoir Evaluation & Engineering, 2011, 14(1): 76-112.

[17] BOSWELL R, COLLETT T S. Current perspectives on gas hydrate resources [J]. Energy & Environmental Science, 2011, 4(4): 1206-1215.

[18] RUPPEL C. Methane hydrates and the future of natural gas [R]. Woods Hole: U. S. Geological Survey,2011.

[19] 吴昊,谷兰丁,白凤龙. 我国南海海域天然气水合物试开采 60 天圆满结束 [EB/OL]. [2017-07-09]. http://www.cgs.gov.cn/xwl/ddyw/201707/t20170709_434743.html.

[20] 张楷欣. 中国可燃冰开采创产气总量、日均产气量两项世界纪录 [EB/OL]. [2020-03-26]. http://www.chinanews.com/gn/2020/03-26/9138151.shtml.

[21] 周守为,陈伟,李清平,等. 深水浅层非成岩天然气水合物固态流化试采技术研究及进展 [J]. 中国海上油气,2017,29(4):1-8.

[22] CHONG Z R,YANG S H B,BABU P,et al. Review of natural gas hydrates as an energy resource:Prospects and challenges [J]. Applied Energy,2016,162:1633-1652.

[23] ZHAO J, LIU D, YANG M, et al. Analysis of heat transfer effects on gas production from methane hydrate by depressurization [J]. International Journal of Heat and Mass Transfer,2014,77:529-541.

[24] ZHAO J, WANG J, LIU W, et al. Analysis of heat transfer effects on gas production from methane hydrate by thermal stimulation [J]. International Journal of Heat and Mass Transfer,2015,87:145-150.

[25] SONG Y,WANG J,LIU Y,et al. Analysis of heat transfer influences on gas production from methane hydrates using a combined method [J]. International Journal of Heat and Mass Transfer,2016,92:766-773.

[26] COLLETT T S,KUUSKRAA V A. Hydrates contain vast store of world gas resources [J]. Oil and Gas Journal,1998,96(19):90-94.

[27] CHEN Z,FENG J,LI X,et al. Preparation of warm brine in situ seafloor based on the hydrate process for marine gas hydrate thermal stimulation [J]. Industrial & Engineering Chemistry Research,2014,53(36):14142-14157.

[28] CHEN Z Y, LI Q P, YAN Z Y, et al. Phase equilibrium and dissociation

enthalpies for cyclopentane + methane hydrates in NaCl aqueous solutions [J]. Journal of Chemical & Engineering Data,2010,55(10):4444-4449.

[29] LI B,LI G,LI X S,et al. Gas production from methane hydrate in a pilot-scale hydrate simulator using the huff and puff method by experimental and numerical studies [J]. Energy & Fuels,2012,26(12):7183-7194.

[30] LI B,LI X S,LI,G,et al. Evaluation of gas production from Qilian Mountain permafrost hydrate deposits in two-spot horizontal well system [J]. Cold Regions Science and Technology,2015,109:87-98.

[31] LI B,LI X S,LI G,et al. Depressurization induced gas production from hydrate deposits with low gas saturation in a pilot-scale hydrate simulator [J]. Applied Energy,2014,129:274-286.

[32] LI G, LI X S, TANG L G, et al. Experimental investigation of production behavior of methane hydrate under ethylene glycol injection in unconsolidated sediment [J]. Energy & Fuels,2007,21(6):3388-3393.

[33] LI G,MORIDIS G J,ZHANG K,et al. The use of huff and puff method in a single horizontal well in gas production from marine gas hydrate deposits in the Shenhu Area of South China Sea [J]. Journal of Petroleum Science and Engineering,2011,77(1):49-68.

[34] LI X S,LI B,LI G,et al. Numerical simulation of gas production potential from permafrost hydrate deposits by huff and puff method in a single horizontal well in Qilian Mountain,Qinghai Province [J]. Energy,2012,40(1):59-75.

[35] LI X S,WANG Y,DUAN L P,et al. Experimental investigation into methane hydrate production during three-dimensional thermal huff and puff [J]. Applied Energy,2012,94:48-57.

[36] GOEL N. In situ methane hydrate dissociation with carbon dioxide sequestration:Current knowledge and issues [J]. Journal of Petroleum Science and Engineering,2006,51(3-4):169-184.

[37] KOH D Y,KANG H,KIM D O,et al. Recovery of methane from gas hydrates

intercalated within natural sediments using CO_2 and a CO_2/N_2 gas mixture [J]. ChemSusChem,2012,5(8):1443-1448.

[38] DEUSNER C, BIGALKE N, KOSSEL E, et al. Methane production from gas hydrate deposits through injection of supercritical CO_2[J]. Energies,2012,5(7):2112-2140.

[39] PARK Y,KIM D Y,LEE J W,et al. Sequestering carbon dioxide into complex structures of naturally occurring gas hydrates [J]. Proceedings of the National Academy of Sciences,2006,103(34):12690-12694.

[40] XU C G,LI X S. Research progress on methane production from natural gas hydrates [J]. RSC Advances,2015,5(67):54672-54699.

[41] LI X S,WAN L H,LI G,et al. Experimental investigation into the production behavior of methane hydrate in porous sediment with hot brine stimulation [J]. Industrial & Engineering Chemistry Research, 2008, 47 (23): 9696-9702.

[42] NIMBLETT J,RUPPEL C. Permeability evolution during the formation of gas hydrates in marine sediments [J]. Journal of Geophysical Research: Solid Earth (1978—2012),2003,108:B92420.

[43] LIU X,FLEMINGS P B. Dynamic multiphase flow model of hydrate formation in marine sediments [J]. Journal of Geophysical Research:Solid Earth (1978—2012),2007,112:B03101.

[44] GARG S K,PRITCHETT J W,KATOH A,et al. A mathematical model for the formation and dissociation of methane hydrates in the marine environment [J]. Journal of Geophysical Research: Solid Earth (1978—2012), 2008, 113:B01201.

[45] MORIDIS G J, KOWALSKY M B, PRUESS K. Depressurization-induced gas production from class-1 hydrate deposits [J]. SPE Reservoir Evaluation & Engineering,2007,10(5):458-481.

[46] MORIDIS G, REAGAN M, KIM S J, et al. Evaluation of the gas production

potential of marine hydrate deposits in the Ulleung Basin of the Korean East Sea [J]. SPE Journal,2009,14(4):759-781.

[47] 姚军,赵秀才. 数字岩心及孔隙级渗流模拟理论 [M]. 北京:石油工业出版社,2010.

[48] KLEINBERG R, FLAUM C, GRIFFIN D, et al. Deep sea NMR: Methane hydrate growth habit in porous media and its relationship to hydraulic permeability, deposit accumulation, and submarine slope stability [J]. Journal of Geophysical Research,2003,108:B102508.

[49] 梁海峰. 多孔介质中甲烷水合物降压分解实验与数值模拟 [D]. 大连:大连理工大学,2009.

[50] SPANGENBERG E. Modeling of the influence of gas hydrate content on the electrical properties of porous sediments [J]. Journal of Geophysical Research: Solid Earth (1978-2012),2001,106(B4):6535-6548.

[51] PARKER J, LENHARD R, KUPPUSAMY T. A parametric model for constitutive properties governing multiphase flow in porous media [J]. Water Resources Research,1987,23(4):618-624.

[52] MORIDIS G, APPS J, PRUESS K, et al. EOSHYDR: A TOUGH2 module for CH_4-hydrate release and flow in the subsurface [R]. Berkeley: Lawrence Berkeley National Laboratory,1998.

[53] VAN GENUCHTEN M T. A closed-form equation for predicting the hydraulic conductivity of unsaturated soils [J]. Soil Science Society of America Journal, 1980,44(5):892-898.

[54] KURIHARA M, SATO A, OUCHI H, et al. Prediction of gas productivity from Eastern Nankai Trough methane-hydrate reservoirs [J]. SPE Reservoir Evaluation & Engineering,2009,12(3):477-499.

[55] KONNO Y, MASUDA Y, HARIGUCHI Y, et al. Key factors for depressurization-induced gas production from oceanic methane hydrates [J]. Energy & Fuels,2010,24(3):1736-1744.

[56] KONNO Y,OYAMA H,NAGAO J,et al. Numerical analysis of the dissociation experiment of naturally occurring gas hydrate in sediment cores obtained at the Eastern Nankai Trough, Japan [J]. Energy & Fuels, 2010, 24 (12): 6353-6358.

[57] YOUSIF M H,ABASS H H,SELIM M S,et al. Experimental and theoretical investigation of methane-gas-hydrate dissociation in porous media [J]. SPE Reservoir Engineering,1991,6(1):69-76.

[58] MAHABADI N,JANG J. Relative water and gas permeability for gas production from hydrate-bearing sediments [J]. Geochemistry Geophysics Geosystems, 2014,15(6):2346-2353.

[59] MAHABADI N,DAI S,SEOL Y,et al. The water retention curve and relative permeability for gas production from hydrate-bearing sediments:Pore-network model simulation [J]. Geochemistry Geophysics Geosystems,2016,17(8): 3099-3110.

[60] SAKAMOTO Y,KOMAI T,MIYAZAKI K,et al. Field scale simulation on gas production behavior during depressurization process in methane [C]. Chennai:Proceedings of the 8th ISOPE Ocean Mining Symposium,2009.

[61] MASUDA Y,FUJINAGA Y,NAGANAWA S,et al. Modeling and experimental studies on dissociation of methane gas hydrates in Berea sandstone cores [C]. Utah:3rd International Conference on Gas Hydrates,1999.

[62] SAKAMOTO Y, KOMAI T, KAWABE Y, et al. Formation and dissociation behavior of methane hydrate in porous media-estimation of permeability in methane hydrate reservoir, Part 1 [J]. Journal of the Mining and Materials Processing Institute of Japan,2004,120(2):15-20.

[63] SAKAMOTO Y,KOMAI T,KAWABE Y,et al. Experimental study on physical phenomena in methane hydrate reservoir and its gas production behavior during hot water injection process-estimation of permeability in methane hydrate reservoir,Part 2 [J]. Journal of the Mining and Materials Processing Institute

of Japan,2005,121(2):44-50.

[64] SAKAMOTO Y,KOMAI T,KAWAMURA T,et al. Laboratory-scale experiment of methane hydrate dissociation by hot-water injection and numerical analysis for permeability estimation in reservoir, Part 1—Numerical study for estimation of permeability in methane hydrate reservoir [J]. International Journal of Offshore and Polar Engineering,2007,17(1):47-56.

[65] SHIMOKAWARA M,OHGA K,SAKAMOTO Y,et al. Permeability of artificial methane hydrate sediment in radial flow system [C]. Lisbon:Proceedings of the 7th ISOPE Ocean Mining Symposium,2007.

[66] MINAGAWA H, NISHIKAWA Y, IKEDA I, et al. Measurement of methane hydrate sediment permeability using several chemical solutions as inhibitors [C]. Lisbon:Proceedings of the 7th ISOPE Ocean Mining Symposium,2007.

[67] KNEAFSEY T, SEOL Y, GUPTA A, et al. Permeability of laboratory-formed methane-hydrate-bearing sand: Measurements and observations using X-ray computed tomography [J]. SPE Journal,2011,16(1):78-94.

[68] SEOL Y,KNEAFSEY T J. Methane hydrate induced permeability modification for multiphase flow in unsaturated porous media [J]. Journal of Geophysical Research:Solid Earth (1978—2012),2011,116:B08102.

[69] JIN Y,NAGAO J,HAYASHI J,et al. Assessment of the absolute permeability of natural methane hydrate sediments by microfocus X-ray computed tomography [C]. Lisbon:Proceedings of the 7th ISOPE Ocean Mining Symposium,2007.

[70] KUMAR A,MAINI B,BISHNOI P R,et al. Experimental determination of permeability in the presence of hydrates and its effect on the dissociation characteristics of gas hydrates in porous media [J]. Journal of Petroleum Science and Engineering,2010,70(1-2):114-122.

[71] 刘瑜,陈伟,宋永臣,等. 含甲烷水合物沉积层渗透率特性实验与理论研究[J]. 大连理工大学学报,2011,51(6):793-797.

[72] KLEINBERG R L,GRIFFIN D D. NMR measurements of permafrost:Unfrozen

water assay, pore-scale distribution of ice, and hydraulic permeability of sediments [J]. Cold Regions Science and Technology,2005,42(1):63-77.

[73] TOHIDI B,ANDERSON R,CLENNELL M B,et al. Visual observation of gas-hydrate formation and dissociation in synthetic porous media by means of glass micromodels [J]. Geology,2001,29(9):867-870.

[74] XIONG L, LI X, WANG Y, et al. Experimental study on methane hydrate dissociation by depressurization in porous sediments [J]. Energies, 2012, 5 (2):518-530.

[75] SONG Y,HUANG X,LIU Y,et al. Experimental study of permeability of porous medium containing methane hydrate [J]. Journal of Thermal Science and Technology,2010,1:55-61.

[76] LI G,WU D,LI X,et al. Experimental measurement and mathematical model of permeability with methane hydrate in quartz sands [J]. Applied Energy, 2017,202:282-292.

[77] CHEN B,YANG M,ZHENG J,et al. Measurement of water phase permeability in the methane hydrate dissociation process using a new method [J]. International Journal of Heat and Mass Transfer,2018,118:1316-1324.

[78] DELLI M L,GROZIC J L. Experimental determination of permeability of porous media in the presence of gas hydrates [J]. Journal of Petroleum Science and Engineering,2014,120:1-9.

[79] LIU W,WU Z,LI Y,et al. Experimental study on the gas phase permeability of methane hydrate-bearing clayey sediments [J]. Journal of Natural Gas Science and Engineering,2016,36:378-384.

[80] WU Z,LI Y,SUN X,et al. Experimental study on the effect of methane hydrate decomposition on gas phase permeability of clayey sediments [J]. Applied Energy,2018,230:1304-1310.

[81] KONNO Y,YONEDA J,EGAWA K,et al. Permeability of sediment cores from methane hydrate deposit in the Eastern Nankai Trough [J]. Marine and

Petroleum Geology,2015,66:487-495.

[82] YONEDA J,OSHIMA M,KIDA M,et al. Permeability variation and anisotropy of gas hydrate-bearing pressure-core sediments recovered from the Krishna-Godavari Basin, offshore India [J]. Marine and Petroleum Geology, 2018, 108:524-536.

[83] DAI S,KIM J,XU Y,et al. Permeability anisotropy and relative permeability in sediments from the National Gas Hydrate Program Expedition 02,offshore India [J]. Marine and Petroleum Geology,2019,108:705-713.

[84] JAISWAL N J. Measurement of gas-water relative permeabilities in hydrate systems [D]. Fairbanks:University of Alaska,2004.

[85] AHN T,LEE J,HUH D,et al. Experimental study on two-phase flow in artificial hydrate-bearing sediments [J]. Geosystem Engineering, 2005, 8 (4): 101-104.

[86] LI C,ZHAO Q,XU H,et al. Relation between relative permeability and hydrate saturation in Shenhu area,South China Sea [J]. Applied Geophysics,2014,11(2):207-214.

[87] WANG J,ZHAO J,YANG M,et al. Permeability of laboratory-formed porous media containing methane hydrate: Observations using X-ray computed tomography and simulations with pore network models [J]. Fuel,2015,145: 170-179.

[88] CHEN X, VERMA R, NICOLAS E, et al. Pore-scale determination of gas relative permeability in hydrate-bearing sediments using X-ray computed micro-tomography and lattice boltzmann method [J]. Water Resources Research, 2017,54:600-608.

[89] ZHANG L,GE K,WANG J Q,et al. Pore-scale investigation of permeability evolution during hydrate formation using a pore network model based on X-ray CT [J]. Marine and Petroleum Geology,2020,113:104157.

[90] KONNO Y,JIN Y,UCHIUMI T,et al. Multiple-pressure-tapped core holder

combined with X-ray computed tomography scanning for gas-water permeability measurements of methane-hydrate-bearing sediments [J]. Review of Scientific Instruments, 2013, 84(6): 064501-064505.

[91] OYAMA H, KONNO Y, SUZUKI K, et al. Depressurized dissociation of methane-hydrate-bearing natural cores with low permeability [J]. Chemical Engineering Science, 2012, 68(1): 595-605.

[92] JIN S, NAGAO J, TAKEYA S, et al. Structural investigation of methane hydrate sediments by microfocus X-ray computed tomography technique under high-pressure conditions [J]. Japanese Journal of Applied Physics, 2006, 45 (7L): L714.

[93] JIN S, TAKEYA S, HAYASHI J, et al. Structure analyses of artificial methane hydrate sediments by microfocus X-ray computed tomography [J]. Japanese Journal of Applied Physics, 2004, 43 (8R): 5673.

[94] JIN Y, HAYASHI J, NAGAO J, et al. New method of assessing absolute permeability of natural methane hydrate sediments by microfocus X-ray computed tomography [J]. Japanese Journal of Applied Physics, 2007, 46 (5A): 3159-3162.

[95] UCHIDA T, DALLIMORE S, MIKAMI J. Occurrences of natural gas hydrates beneath the permafrost zone in Mackenzie Delta: Visual and X-ray CT imagery [J]. Annals of the New York Academy of Sciences, 2000, 912 (1): 1021-1033.

[96] KERKAR P, JONES K W, KLEINBERG R, et al. Direct observations of three-dimensional growth of hydrates hosted in porous media [J]. Applied Physics Letters, 2009, 95: 024102.

[97] GUPTA A, KNEAFSEY T J, MORIDIS G J, et al. Composite thermal conductivity in a large heterogeneous porous methane hydrate sample [J]. The Journal of Physical Chemistry B, 2006, 110(33): 16384-16392.

[98] KNEAFSEY T J, TOMUTSA L, MORIDIS G J, et al. Methane hydrate formation

and dissociation in a partially saturated core-scale sand sample [J]. Journal of Petroleum Science and Engineering,2007,56(1):108-126.

[99] WAITE W. Thermal conductivity measurements in porous mixtures of methane hydrate and quartz sand [J]. Geophysical Research Letters, 2002, 29 (24):2229.

[100] WAITE W F, WINTERS W J, MASON D. Methane hydrate formation in partially water-saturated Ottawa sand [J]. American Mineralogist,2004,89 (8-9):1202-1207.

[101] WAITE W F, KNEAFSEY T J, WINTERS W J, et al. Physical property changes in hydrate-bearing sediment due to depressurization and subsequent repressurization [J]. Journal of Geophysical Research:Solid Earth (1978—2012),2008,113:B07102.

[102] CHAOUACHI M,FALENTY A,SELL K,et al. Microstructural evolution of gas hydrates in sedimentary matrices observed with synchrotron X-ray computed tomographic microscopy[J]. Geochemistry Geophysics Geosystems,2015,16 (6):1711-1722.

[103] YANG L,FALENTY A,CHAOUACHI M,et al. Synchrotron X-ray computed microtomography study on gas hydrate decomposition in a sedimentary matrix [J]. Geochemistry Geophysics Geosystems,2016,17(9),3717-3732.

[104] XUE K,ZHAO J,SONG Y,et al. Direct observation of THF hydrate formation in porous microstructure using magnetic resonance imaging [J]. Energies, 2012,5(4):898-910.

[105] ZHAO J,YANG L,XUE K,et al. In situ observation of gas hydrates growth hosted in porous media [J]. Chemical Physics Letters,2014,612:124-128.

[106] WAITE W F,SANTAMARINA J C,CORTES D D,et al. Physical properties of hydrate-bearing sediments [J]. Reviews of Geophysics, 2009, 47 (4):RG4003.

[107] MAHABADI N,ZHENG X,JANG J. The effect of hydrate saturation on water

retention curves in hydrate-bearing sediments [J]. Geophysical Research Letters,2016,43(9):4279-4287.

[108] ZHAO H Q,MACDONALD I F,KWIECIEN M J. Multi-orientation scanning: A necessity in the identification of pore necks in porous media by 3-D computer reconstruction from serial section data [J]. Journal of Colloid and Interface Science,1994,162(2):390-401.

[109] SILIN D, GUO D J, PATZEK T. Robust determination of the pore space morphology in sedimentary rocks [C]. Colorado: SPE Annual Technical Conference and Exhibition,2003.

[110] AL-KHARUSI A S, BLUNT M J. Network extraction from sandstone and carbonate pore space images [J]. Journal of Petroleum Science and Engineering,2007,56(4):219-231.

[111] DONG H. Micro-CT imaging and pore network extraction [D]. London: Imperial College London,2007.

[112] VALVATNE P H. Predictive pore-scale modelling of multiphase flow [D]. London:Imperial College,2004.

[113] ØREN P E,BAKKE S,ARNTZEN O J. Extending predictive capabilities to network models [J]. SPE Journal Richardson,1998,3:324-336.

[114] ØREN P E, BAKKE S. Process based reconstruction of sandstones and prediction of transport properties [J]. Transport in Porous Media,2002,46(2-3):311-343.

[115] SILIN D,PATZEK T. Pore space morphology analysis using maximal inscribed spheres [J]. Physical A:Statistical Mechanics and its Applications,2006,371(2):336-360.

[116] SAKAMOTO Y,KOMAI T,KAWAMURA T,et al. Modification of permeability model and history matching of laboratory-scale experiment for dissociation process of methane hydrate: Part 2—Numerical study for estimation of permeability in methane hydrate reservoir [J]. International Journal of

Offshore and Polar Engineering, 2007, 17(1): 57-66.

[117] SAKAMOTO Y, KAKUMOTO M, MIYAZAKI K, et al. Numerical study on dissociation of methane hydrate and gas production behavior in laboratory-scale experiments for depressurization: Part 3—Numerical study on estimation of permeability in methane hydrate reservoir [J]. International Journal of Offshore and Polar Engineering, 2009, 19(2): 124-134.

[118] CLENNELL M B, HOVLAND M, BOOTH J S, et al. Formation of natural gas hydrates in marine sediments: 1. Conceptual model of gas hydrate growth conditioned by host sediment properties [J]. Journal of Geophysical Research: Solid Earth, 1999, 104(B10): 22985-23003.

[119] JIN Y, KONNO Y, NAGAO J. Growth of methane clathrate hydrates in porous media [J]. Energy & Fuels, 2012, 26(4): 2242-2247.

[120] 王合明. 多孔介质孔隙结构的分形特征和网络模型研究 [D]. 大连:大连理工大学,2013.

[121] CHENG C C, ZHAO J F, SONG Y C, et al. In situ observation for formation and dissociation of carbon dioxide hydrate in porous media by magnetic resonance imaging [J]. Science China Earth Sciences, 2013, 56 (4): 611-617.

[122] 乔能林. 三维孔隙网络模型渗流机理算法及软件研制 [D]. 北京:中国地质大学,2008.

[123] LAROCHE C, VIZIKA O. Two-phase flow properties prediction from small-scale data using pore-network modeling [J]. Transport in Porous Media, 2005, 61(1): 77-91.

[124] GARBOCZI E J. Permeability, diffusivity, and microstructural parameters: A critical review [J]. Cement and Concrete Research, 1990, 20(4): 591-601.

[125] HAUSCHILDT J, UNNITHAN V, VOGT J. Numerical studies of gas hydrate systems: Sensitivity to porosity-permeability models [J]. Geo-Marine Letters, 2010, 30(3-4): 305-312.

[126] NOKKEN M, HOOTON R. Using pore parameters to estimate permeability or conductivity of concrete [J]. Materials and Structures, 2008, 41(1): 1-16.

[127] COSTA A. Permeability-porosity relationship: A reexamination of the Kozeny-Carman equation based on a fractal pore-space geometry assumption [J]. Geophysical Research Letters, 2006, 33: L02318.

[128] BIRD R B, STEWART W E, LIGHTFOOT E N. Transport phenomena [M]. New York: John Wiley & Sons, 2007.

[129] MAVKO G, NUR A. The effect of a percolation threshold in the Kozeny-Carman relation [J]. Geophysics, 1997, 62(5): 1480-1482.

[130] DONG H, TOUATI M, BLUNT M. Pore network modeling: Analysis of pore size distribution of Arabian core samples [C]. Bahrain: SPE Middle East Oil and Gas Show and Conference, 2007.

[131] BENNION B, BACHU S. Drainage and imbibition relative permeability relationships for supercritical CO_2/brine and H_2S/brine systems in intergranular sandstone carbonate shale and anhydrite rocks [J]. SPE Reservoir Evaluation & Engineering, 2008, 11(3): 487-496.

[132] DANA E, SKOCZYLAS F. Gas relative permeability and pore structure of sandstones [J]. International Journal of Rock Mechanics and Mining Sciences, 1999, 36(5): 613-625.

[133] ANDREW M, BIJELJIC B, BLUNT M J. Pore-scale contact angle measurements at reservoir conditions using X-ray microtomography [J]. Advances in Water Resources, 2014, 68: 24-31.

[134] ANDERSON W G. Wettability literature survey part 5: The effects of wettability on relative permeability [J]. Journal of Petroleum Technology, 1987, 39(11): 1453-1468.

[135] BROOKS R H, COREY A T. Hydraulic properties of porous media and their relation to drainage design [J]. Transactions of the ASAE, 1964, 7(1): 26-28.

[136] SHEN P,ZHU B,LI X B,et al. The influence of interfacial tension on water-oil two-phase relative permeability [C]. Toronto: Society of Petroleum Engineers,2006.

[137] SHEN P,ZHU B,LI X B,et al. An experimental study of the influence of interfacial tension on water-oil two-phase relative permeability [J]. Transport in Porous Media, 2010,85(2):505-520.

[138] WEN T,SHAO L,GUO X. Permeability function for unsaturated soil [J]. European Journal of Environmental and Civil Engineering, 2018, 25 (1): 60-72.

[139] KANG D H, YUN T S, KIM K Y, et al. Effect of hydrate nucleation mechanisms and capillarity on permeability reduction in granular media [J]. Geophysical Research Letters,2016,43,9018-9025.

[140] LEI L, SEOL Y, JARVIS K. Pore-scale visualization of methane hydrate-bearing sediments with micro-CT [J]. Geophysical Research Letters,2018, 45(11):5417-5426.

[141] OHNO H,NARITA H,NAGAO J. Different modes of gas hydrate dissociation to ice observed by microfocus X-ray computed tomography [J]. The Journal of Physical Chemistry Letters,2011,2(3):201-205.

[142] DAI S,SEOL Y. Water permeability in hydrate-bearing sediments: A pore-scale study[J]. Geophysical Research Letters,2014,41(12):4176-4184.

[143] KLEINBERG R,FLAUM C,COLLETT T. Magnetic resonance log of JAPEX/JNOC/GSC et al. Mallik 5L-38 gas hydrate production research well: Gas hydrate saturation,growth habit,and relative permeability [J]. Bulletin of the Geological Survey of Canada,2005,585:114-124.

[144] MAHABADI N,DAI S,SEOL Y,et al. Impact of hydrate saturation on water permeability in hydrate-bearing sediments [J]. Journal of Petroleum Science and Engineering,2019,174:696-703.

[145] DAI S,SANTAMARINA J C,WAITE W F,et al. Hydrate morphology:Physical

properties of sands with patchy hydrate saturation [J]. Journal of Geophysical Research Solid Earth,2012,117:B11205.

[146] CHEN X, ESPINOZA D N. Ostwald ripening changes the pore habit and spatial variability of clathrate hydrate [J]. Fuel,2018,214:614-622.

[147] UCHIDA T, WASEDA A, NAMIKAWA T. Methane accumulation and high concentration of gas hydrate in marine and terrestrial sandy sediments [J]. The AAPG/Datapages Combined Publications Database,2009,89:401-413.

[148] MINAGAWA H, ITO T, KIMURA S, et al. Depressurization and electrical heating of methane hydrate sediment for gas production: Laboratory-scale experiments [J]. Journal of Natural Gas Science and Engineering,2018,50: 147-156.

[149] BAGHERZADEH S A, ENGLEZOS P, ALAVI S, et al. Influence of hydrated silica surfaces on interfacial water in the presence of clathrate hydrate forming gases [J]. Journal of Physical Chemistry C,2012,116(47):24907-24915.

[150] HELGERUD M B. Wave speeds in gas hydrate and sediments containing gas hydrate: A laboratory and modeling study [D]. Palo Alto: Stanford University,2001.

[151] LEE M, COLLETT T. Elastic properties of gas hydrate-bearing sediments [J]. Geophysics,2001,66(3):763-771.

[152] CHOI J H, DAI S, CHA J H, et al. Laboratory formation of noncementing hydrates in sandy sediments [J]. Geochemistry Geophysics Geosystems, 2014,15(4):1648-1656.

[153] KNEAFSEY T J, REES E V L, NAKAGAWA S, et al. Examination of hydrate formation methods: Trying to create representative samples [R]. Berkeley: Lawrence Berkeley National Laboratory,2010.

[154] SEOL Y, KNEAFSEY T J, KNEAFSEY. X-ray computed-tomography observations of water flow through anisotropic methane hydrate-bearing sand [J]. Journal of Petroleum Science & Engineering,2009,66(3-4):121-132.

[155] LEI L, SEOL Y, CHOI J, et al. Pore habit of methane hydrate and its evolution in sediment matrix—Laboratory visualization with phase-contrast micro-CT [J]. Marine and Petroleum Geology, 2019, 104: 451-467.

[156] BERGE L I, JACOBSEN K A, SOLSTAD A. Measured acoustic wave velocities of R11 (CCl_3F) hydrate samples with and without sand as a function of hydrate concentration [J]. Journal of Geophysical Research: Solid Earth, 1999, 104(B7): 15415-15424.

[157] LIANG H, SONG Y, CHEN Y, et al. The measurement of permeability of porous media with methane hydrate [J]. Petroleum Science and Technology, 2011, 29(1): 79-87.

[158] MINAGAWA H, EGAWA K, SAKAMOTO Y, et al. Characterization of sand sediment by pore size distribution and permeability using proton nuclear magnetic resonance measurement [J]. Journal of Geophysical Research Solid Earth, 2012, 113: B07210.

[159] VALVATNE P H, BLUNT M J. Predictive pore-scale modeling of two-phase flow in mixed wet media [J]. Water Resources Research, 2004, 40: W07406.

[160] TOO J L, CHENG A, KHOO B C, et al. Hydraulic fracturing in a penny-shaped crack. Part Ⅱ: Testing the frackability of methane hydrate-bearing sand [J]. Journal of Natural Gas Science and Engineering, 2018, 52: 619-628.

[161] WITT K J, BRAUNS J. Permeability-anisotropy due to particle shape [J]. Journal of Geotechnical Engineering, 1983, 109(9): 1181-1187.

[162] FUJII T, SUZUKI K, TAKAYAMA T, et al. Geological setting and characterization of a methane hydrate reservoir distributed at the first offshore production test site on the Daini-Atsumi Knoll in the eastern Nankai Trough, Japan [J]. Marine & Petroleum Geology, 2015, 66: 310-322.

[163] LAI K H, CHEN J S, LIU C W, et al. Effect of medium permeability anisotropy on the morphological evolution of two non-uniformities in a geochemical dissolution system [J]. Journal of Hydrology, 2016, 533: 224-233.

[164] FENG Y, CHEN L, SUZUKI A, et al. Numerical analysis of gas production from reservoir-scale methane hydrate by depressurization with a horizontal well: The effect of permeability anisotropy [J]. Marine and Petroleum Geology, 2019, 102: 817-828.

[165] HAN D, WANG Z, SONG Y, et al. Numerical analysis of depressurization production of natural gas hydrate from different lithology oceanic reservoirs with isotropic and anisotropic permeability [J]. Journal of Natural Gas Science & Engineering, 2017, 46: 575-591.

[166] MORIDIS G, SILPNGARMLERT S, REAGAN M, et al. Gas production from a cold, stratigraphically-bounded gas hydrate deposit at the Mount Elbert Gas Hydrate Stratigraphic Test Well, Alaska North Slope: Implications of uncertainties [J]. Marine & Petroleum Geology, 2011, 28(2): 517-534.

[167] UDDIN M, WRIGHT J, DALLIMORE S, et al. Gas hydrate production from the Mallik reservoir: Numerical history matching and long-term production forecasting [J]. Geological Survey of Canada, Bulletin, 2012, 601: 261-289.

[168] LIANG H, SONG Y, LIU Y, et al. Study of the permeability characteristics of porous media with methane hydrate by pore network model [J]. Journal of Natural Gas Chemistry, 2010, 19: 255-260.

[169] CHEN X, ESPINOZA D N. Surface area controls gas hydrate dissociation kinetics in porous media [J]. Fuel, 2018, 234: 358-363.

[170] WANG J, ZHAO J, ZHANG Y, et al. Analysis of the effect of particle size on permeability in hydrate-bearing porous media using pore network models combined with CT [J]. Fuel, 2016, 163: 34-40.

[171] WANG D, WANG C, LI C, et al. Effect of gas hydrate formation and decomposition on flow properties of fine-grained quartz sand sediments using X-ray CT based pore network model simulation [J]. Fuel, 2018, 226: 516-26.

[172] WANG J, ZHAO J, ZHANG Y, et al. Analysis of the influence of wettability on

permeability in hydrate-bearing porous media using pore network models combined with computed tomography [J]. Journal of Natural Gas Science & Engineering, 2015, 26: 1372-1379.

[173] WANG J, ZHANG L, ZHAO J, et al. Variations in permeability along with interfacial tension in hydrate-bearing porous media [J]. Journal of Natural Gas Science and Engineering, 2018, 51: 141-146.

[174] SINGH H, MYSHAKIN E M, SEOL Y. A Nonempirical relative permeability model for hydrate-bearing sediments [J]. SPE Journal, 2019, 24 (02): 547-562.

[175] DONG H, BLUNT M J. Pore-network extraction from micro-computerized-tomography images [J]. Physical Review E, 2009, 80(3): 036307.

名词索引